蓄電池社会が拓く

エネルギー革命

2050年、電気代は1/10に

野澤 哲生
Tetsuo Nozawa

日経BP

はじめに　——もし電気代1/10の世界が来たら——

日本の電気料金は家庭向けで25〜30円/kWh、契約電力が500kW以上の大口需要家向けで15円/kWh前後です。これが1/10の2〜3円/kWhになるとすれば、そのインパクトは絶大です。

電気料金、言い換えればエネルギーの利用料金が格安になれば、エネルギーを使うさまざまなサービス全般が安くなります。例えば、照明や冷暖房のコスト、工場でモノを製造するコスト、人の移動や物流にかかるコストなどが激減します。しかもこれらは互いにコスト内訳の一部を占めているので、相乗効果で安くなっていくでしょう。

こう書くと当然、「そんなの夢物語だ。現実を考えれば電気料金が1/10になるはずがない」と反論される方がおられるはずです。しかし、筆者は夢物語を語るつもりはありません。これまで技術系記者としての約22年間の取材の蓄積を基に、それが可能だとして実現の道筋を示したのが本書です。

実際、海外の幾つかの国・地域、例えば米国やオーストラリアでは、電気料金の大幅低減に向けた策を既に実行に移し始めています。そうした方向性に敏感な企業の経営者、具体的には、イーロン・マスク氏率いる米テスラが変革の先頭にいます。日本でもトヨタ自動車がNTTと組んで新しい街をつくろうとしています。これらの動きの背景には電力事業やエネルギー事業の大きな地殻変動があるのです。

ただ、日本の多くの企業や組織はまだこの地殻変動にうまく乗れていません。日本がこのまま乗り遅れれば、電気料金を筆頭に日本のさまざまな社会的コストが相対的に割高となり、国際競争力の著しい低下が避けられなくなるでしょう。産業革命に乗り遅れるようなものです。今からエネルギー政策を見直して、電気料金やエネルギーの利用コストの大幅低減を目指すか、あるいは無策のままでただ沈んでいくか。現在はその分岐点にいると感じます。

エネルギーコストの大幅な低減を実現する2本柱は、太陽光発電や風力発電に代表される再生可能エネルギー（再エネ）、と蓄電システム（蓄電池と燃料電池）ですが、本書では、現在の再エネ導入の原動力の1つである地球温暖化対策にはほとんど触れていません。ただそれは地球温暖化問題を軽視しているわけでも、その対策としての再エネを否定しているわけでもなく、そのテーマの類書が多いためです。本書ではこれまで日本では指摘する人がまだ少ない、再エネと蓄電システムの大量導入による大きなメリット、つまり「電力の産業革命」をお伝えすることに紙面を割きました。まだ、「再エネは高い」と思い込んでいる方にこそ本書に目を通し、日本や世界の近未来を垣間見ていただきたいと思います。

野澤 哲生

蓄電池社会が拓くエネルギー革命　目次

扉画像：D.R.3D/Shutterstock.com

第1章

なぜ今、電気代を1/10にできないか

——格安料金の実現を阻む黒幕——

1/10にならない2つの理由

筆者は日本が政策を転換すれば、電気料金が今の1/10になると確信を持っていますが、そこに至るには現時点では大きな壁が2つあります。1つは、発電のエネルギー源の大部分を担う燃料、特に化石燃料です。もう1つは、電力を発電し、送電する電力系統が極めて厳格な「計画経済」です（**図1-1**）。

1つめの燃料について異論はあまりないでしょう。燃料のうち、化石燃料は有限な資源、特に今後は希少性が高まる資源で、使ったらなくなってしまいます。化石燃料の価格は、短期的には大きく変動することもあるのですが、長期的には「使えば使うほど高くなる」のです。おまけに二酸化炭素（CO_2）という余計なモノも排出します。原子力発電に使うウランは、エネルギー密度が破格に高いこと以外、燃料としての限界は化石燃料

（1）燃料（特に化石燃料）を使った発電

▶枠組みは「狩猟採集時代」のまま
▶燃料を使えば使うほど希少性が高まり、採掘コストが上がって価格が上がる

（2）電力の計画経済（同時同量則）

▶再エネなど変動する（計画できない）電力と相性が悪い
▶生産過剰（発電過剰）が許されない

電気料金が高止まり

図1-1　電気料金が高止まりする2大要因

とあまり変わりません。核燃料サイクルが回りだせば話は別ですが、「核のゴミ問題」も含め、技術的、社会的に準備が整っていないようです。

現実問題として、エネルギー源としてこれらの燃料に頼っている限り、電気料金の大幅低減は望めないのです。では、燃料以外のエネルギー源はあるのでしょうか。それが再生可能エネルギー（再エネ）です。このエネルギーは、第2章で詳しく説明するのですが、化石燃料とは正反対の「使えば使うほど、安くなる」という著しい特徴を備えています。これが電気料金1/10を実現するカギの1つになります。

電気の計画経済が続いている

電気料金の大幅低減を妨げているもう1つの理由といえる計画経済は、これまでほとんど語られてきませんでした。そもそも今どき、計画経済という言葉を聞いてその意味がすぐに分かる人はほぼ50歳代以上でしょうか。ガチガチの社会主義国だった昔のソビエト連邦（ソ連）など東側陣営が崩壊したのが1990年ごろ。今、50歳の人はちょうどその頃大学生になるかならないかだったはずです。逆にそれ以降は、ニュースの話題になることもほとんどなくなりました。

計画経済は、いわゆる社会主義の軸となる経済システムで、あらゆる物資の生産と消費をすべて政府が計画・管理することを前提にしています。計画経済のメリットは、理想論では、人々の貧富の差での不公平が起こりにくいこと。加えて、生産量が需要に追い付かない場合でも、価格は政府が決めるのでインフレにならないことです。流通もすべて政府が計画・管理するので、いわゆる「買い占め」も起こらず、必要な量を必要なだけ生産すれば、必要な人に適切に物資（食料を含む）が届けられるのです。“理想論”では。

しかし、実際には計画経済と社会主義の東側陣営と呼ばれた国・地域では、軍事産業や一部の重厚長大産業を除き、ほとんどの産業で計画経済は機能せず、西側、つまり資本主義の国・地域と比べて明らかに社会のさまざまな面が停滞しました。機能しなかった最大の理由は大きく2つあります。1つは、人々の需要は常に変動し、必要なもの、欲しいものが変遷していく一方で、その変動にリアルタイムに対応した生産計画を立て、追随することが難しかったことです。不正もせず、生産者側の事情と消費者のニーズのすべてをリアルタイムに知っている“神”でもなければ、計画経済を“計画通り”に運用することはできないでしょう。

理想論とは異なり、実際の流通経路では“特権階級”による買い占めや横領も起こりました。生産計画にはそれが想定されていないので、横領などが起こると必要な人に物資や食料品が行き渡りません。結果、ソ連では日用品や食料品の多くがしばしば不足し、慢性的なモノ不足が続きました。ひとたびモノが入荷したとなると、人々がそれを求めて長い行列を作ったので、社会主義＝長い行列というイメージを持つ人も多いでしょう。

変化、変動を嫌う計画経済

計画経済が機能不全で社会が停滞する2つめの理由は、計画経済が変化を嫌うことです。計画経済下の社会では、販売利益の思わぬ増加は、計画の誤り、つまり悪とされるので、生産者側に創意工夫や未知への挑戦という動機が働きません。実際、ソ連などの社会主義国では、生産者は"お役所"の一部と化し、消費者側のニーズの変化を精度よく知ろうとする姿勢もありませんでした。昔からあるモノを決められた量作るだけ、という傾向がはびこった上に、新しい製品は売れるかどうか分からないので、新製品の開発に挑戦する人はおらず、またその自由もありませんでした。よってイノベーションも起こりません。東西に分断されていたドイツの"東側"だったドイツ民主共和国（東ドイツ）では、「トラバント」と呼ぶ小型自動車が生産されていましたが、1958年から1991年までの間、モデルチェンジがほとんどありませんでした。

市場の拡大自体を計画することも理屈の上では可能で、社会主義国では政府によるさまざまな「五カ年計画」が発表されました。しかし、市場が認めない、つまり需要がない製品をいくら生産しても、成功するはずがありません。実際、建国初期のソ連や一部の重厚長大産業、市場経済を取り入れてからの中国を別にすると、東側諸国での市場拡大計画の成功例はほとんどなかったといえるでしょう。

戦後の日本にも計画経済はあった

計画経済は、必ずしも社会主義国だけが採用していたのではありません。資本主義の国でも一部ではある程度取り入れられました。例えば、日本では、第2次世界大戦後（戦後）、製鉄など重厚長大産業は政府主導の生産計画が立てられました。それには通商産業省（今の経済産業省）が活躍しました。

戦後の日本の農業、特に稲作も事実上の計画経済でした。戦争中の1942年に制定された食糧管理法が少なくとも1969年まで、米の生産と消費（配給）を厳格に管理していました。生産者、つまり米農家は毎年の生産枠を割り当てられ、その枠を超えた量の生産は許されませんでした。一方で一般消費者は米については配給制でした。消費者は「米穀配給通帳」がないと米の配給を受けられなかったのです。1969年に自主流通米が認められてからは、配給制も廃れました。ただし、食糧管理法が廃止されたのは1981年のことです。

結局、計画経済は、資本主義の国では不足していた物資の生産量の増加と共に、社会主義の国では体制の崩壊と共にほぼ姿を消しました。中国は、名目上は今も社会主義体制ですが、少なくとも経済システムについては1970年代末という比較的早い時期に事実上の自由経済を大胆に取り入れており、今ではそれが主流になっています。

電力系統は最後の超計画経済

しかし、日本を含む世界中でガチガチの計画経済がまだ残っている業界がほぼ唯一あるのです。それが、電力を発電、送電し、消費者に届ける電力系統です。日本の場合、大手電力会社の「中央給電指令所」という組織が、この計画経済を実行しています。「東京電力管内」といった呼び方を聞いたことがあると思いますが、この「管内」は、1つの中央給電指令所がカバーするエリアのことを指します。電力事業が自由化され、1つの地域に電力会社が複数社あっても、1管内に中央給電指令所は1つしかありません。

「え！　電気は配給制ではないし、自由に使えるのでは？」という疑問を持つ方もおられるでしょう。電力の需要家、つまり利用者はあたかも自由に電気を使っているように思えて実はそうではありません。制限がされているのです。

その証拠の1つが、電流や電力の上限値です。家庭などの小口需要家であれば契約ごとに電気の最大電流量、例えば「40A（アンペア）まで」などという上限電流量が定められています。利用電流がこれを超えるとブレーカーが問答無用で落ちてしまうわけです。漏電防止のシステムではあるのですが、電力の計画経済を維持する仕組みでもあります。工場やビルなど大口の契約者は最大電力、例えば500kWまでといった上限が定められ、それを超えるとペナルティー、つまり課徴金を支払わねばなりません。

自由に電力を使えないもう1つの証拠は、電力系統上の都合による使用制限です。契約電力が500kW以上の大口契約者には、必要に応じて電力の使用制限を受け入れる義務が法的（電気事業法第27条）に定められています。

とはいえ配給制などに比べたら利用者側の“利用の自由の制限”は弱いものです。これで済んでいるのは、需要が統計的に予測しやすいからです。大口需要家であれば消費電力量が大きく変動することはめったにありません。家庭など小口需要家の利用者ごとの電力需要は大きく変動し、それを細かく予測するのは大変、いやほぼ不可能ですが、多数の家庭の電力需要の合計値となると、過去の実績データも十分にあり、高い精度で予測できる、つまり計画を立てやすいのです。利用者が電力なんて自由に使っていると思っても、その実、中央給電指令所の手のひらの上で踊っているだけなのです。

発電の自由には強い制限

一方、生産者側、つまり発電事業者側には強い制限があります。一定以上の発電出力を備えた発電事業者は、「月間計画」

「週間計画」「翌日計画」「当日計画」などの発電出力量を自ら予測して、中央給電指令所に申告しなければなりません（**図1-2**）。仮に申告と実際の発電量や消費電力量が一定以上ずれていた場合は、「インバランス料金」という高いペナルティー料

処理手順	入力者	FIT特例①翌日FIT計画の作成業務	
		太陽光・風力	水力・地熱・バイオマス
ステータス1	小売電気事業者	・翌日FIT計画の提出様式作成 ・BGコード、系統コード等の基本情報入力 ・FIT用ステータス「1」の入力	・翌日FIT計画の提出様式作成 ・BGコード、系統コード等の基本情報入力 ・FIT用ステータス「1」の入力 ・発電計画値の入力
↓ ～前々日12時			
ステータス2（1回目）	一般送配電事業者	・発電計画値の入力 ・FIT用ステータス「1」⇒「2」に変更	・発電計画値の妥当性確認 ・FIT用ステータス「1」⇒「2」に変更
↓ ～前々日16時			
ステータス2（2回目）	一般送配電事業者	・発電計画値の再入力 ・FIT用ステータス「2」のまま	・発電計画値の妥当性確認 ・FIT用ステータス「2」のまま
↓ ～前日6時			
前日スポット取引	小売電気事業者	・自社需要を上回るFIT特例①の太陽光・風力の発電計画値について最低価格で入札	—
↓ 前日10時			
ステータス3	小売電気事業者	・販売計画、調達計画の入力 ・前日スポット取引の約定結果で売れ残った量を発電計画値から控除 ・発電計画値の展開（部分買い取り、発電地点別の発電計画値が必要な場合） ・FIT用ステータス「2」⇒「3」に変更	・販売計画、調達計画の入力 ・FIT用ステータス「2」⇒「3」に変更
↓ ～前日12時			
翌日計画の提出			

図1-2　発電事業者（PPS）が提出する「翌日計画」の作成の流れ（出所：電力広域的運営推進機関）

金を科されます。罰則付きなのです。

詳細は国・地域によって異なりますが、日本の発電事業者の場合、実際の発電量は30分ごとに集計され、計画値とのズレに対してインバランス料金を科されます。欧州では地域によっては15分単位での発電量の事前申告が必要です。電力の大口需要家が前日に電力需要量の計画を提出する義務がある地域さえあります。

発電量についての規制は明確にはありませんが、現実には送電線の空き容量を超える発電や、電力需要を超える発電分は受け付けてもらえません。

予測できない変動は「悪」に

この電力の計画経済にとって、発電出力の変動を予測しにくい太陽光発電や風力発電は発電事業者にとっても、中央給電指令所にとっても非常に厄介な存在です。これまで新聞紙上などでは、出力が不規則に変動するこうした再エネを、既存の発電技術などに比べて劣った電力源、あるいは「再エネの課題」という見方で取り上げることが多かったようです。技術的に変動の大きな電力源の大量受け入れが難しかったのは確かとしても、電力の計画経済を前提とした変動を嫌う発想に引きずられた記事だったともいえます。一方、筆者はむしろ解決すべきなのは、電力系統の計画経済自体であると考えています。

需給はリアルタイムに監視

計画経済の試みのほとんどが失敗する中、電力系統だけが曲がりなりにも機能したのは、中央給電指令所がオーケストラの指揮者のように、すべての消費電力量と発電量を逐一把握し、制御しているからです。

中央給電指令所の仕事は大きく2つあります。1つは、事前に集めた発電量の計画値と、消費電力量の計画値や予測値を突き合わせ、過不足があれば、つまり一定時間幅ごとの発電量と消費電力量がズレていれば、追加の発電あるいは発電の抑制を発電事業者に指令することです。

もう1つの仕事は、電力消費（需要）と発電（供給）のバランスをリアルタイムに監視することです。いくら事前に計画を立てて需給バランスを合わせても実際には細かなバランスのズレが生じます。バランスが崩れていることを見つけた場合は、応答の速い発電所にその場で発電出力を増減せよという指令を出します。具体的には、小規模の火力発電所、特にガスタービンやガスエンジンを使う発電所、そして揚水発電所などです。大型の火力発電所だと、出力を上げる命令を受けても、燃料を増やし始めてから実際に出力が想定する値に届くまで1時間以上かかってしまいます。一方、ガスエンジンを用いた発電システムであれば、停止状態から30秒で発電を始められ、3分前後でピーク出力に達することができるようです。

揚水発電は、1本の川の上流と下流に2つのダムを設け、ダム間で水をやりとりするシステムで、急速発電と急速消費の2役を"1人"でこなせる非常に便利な存在です。電力が足りない際は、指令を受けてからわずか1～2分で発電を始められ、逆に電力が余り気味のときは、その電力で水を下のダムから上のダムにポンプを使って揚水することで余剰分を吸収し、その一部を貯蔵することができるからです。

ICTが計画経済の精度向上に貢献

最近はICT（情報通信技術）によって中央給電指令所の機能はますます精度が高まり、かつてはできないと思われていた"神"の技に近づきつつあります[注1-1]。

注1-1）電力系統の規模が大きく、しかも電力取引所が有効に機能する欧州では、中央給電指令所の役割の一部を電力取引所が肩代わりするようになっている。多数の発電事業者の発電量や需要家の情報を、ICTを介して電力取引所に集めることで、需給バランスの細かな変動が自然に相殺されてしまう上に、電力を市場価格でリアルタイムに取引すると、需要が供給を上回ると電力の価格が上がることで自然に需要が抑制され、逆に供給過剰になると電力価格が下がることで需要増が促されるためだ。いわば、アダム・スミスがいう「神の見えざる手」がある程度は働くのである。需給バランスのズレを市場価格の変動で吸収しているともいえる。最近の欧州では再エネによる電力供給が過剰になる場合が多く、しばしば電力価格がマイナスになる事態が起こっている。しかし、これは決して自由主義経済ではない。価格がマイナスになるような異常事態は、同時同量則に基づく計画経済によって市場が歪められた結果といえる。

例えば、以前は需給バランスを取るための発電増（アクセル）や発電抑制（ブレーキ）は発電側にだけ求められていましたが、最近は違います。「スマートグリッド」と呼ばれるITを駆使した電力系統網が導入されつつあるからです。スマートグリッドの特徴は、電力の過不足があった場合に、需要家側にも電力消費の抑制指令「デマンドレスポンス（DR）」をリアルタイムに出せる点です。特に最近は、「上げDR」と呼ばれる、需要家に電力消費を増やす指令も出せるようになりつつあります。これがどういうことかについては、第3章の「蓄電池編：電力を貯められる時代に ――“電力の東側陣営”から脱却へ――」で説明します。

黒幕は「同時同量則」

我々は“電力の東側陣営”にいる

では、計画経済が精緻に機能していればそれでよいかといえば、答えは「ノー」です。運用の精度が上がると停電などの事故は確かに減りますが、(1) 予測できない変化、変動を嫌う、(2) 発電の自由がない、(3) (1) と (2) の帰結として、電力価格が下がらない、といった計画経済の本質的なデメリットは大部分、そのまま残るからです。我々は電力に関しては“東側陣営”にいて、結果として本来もっと安くなるべき電気料金に対し不当に高い金額を払い続けているのです。

それを少し詳しく説明します。現在の電力系統では、前述したように需要家側は、消費電流量または電力を契約の上限を超えては増やせません。事前に需要増が分かっていれば契約を変更すればよいのですが、一時的、または緊急的に需要を増やしたい場合は課徴金を払う以外に合理的な解決策がありません。

一方、発電事業者にはより明確な悪影響があります。電力需要に見合った発電量しか許されないので、発電設備への自由な投資と発電量の拡大ができません。これは、いくら事前に申告してもダメです。

最近は日本でも電力事業への新規参入が自由化され、電力取引市場も生まれていますが、発電の総量は電力需要が増減しない限りは一定です。つまり、取引市場の役割は発電事業者間での電力の過不足を微調整することにすぎません。電力需要が増えない限り、中央電力指令所からみたトータルの発電量は原則増やすことができず、その増減はほぼゼロサムです。これでは、料金が下がる理由がなく、電気料金は高止まったままです。

判断ミスによる生産過剰が価格低下を生む

政府の価格統制などがない自由経済の下での価格低下は、ほとんどの場合、製造事業者または販売事業者の需要見積もりミスによる生産過剰、供給過剰が原因です。「たくさん作ればもっと売れる」と思って本来の需要を超えた量を生産、販売してしまうことで、結果として価格が下がるのです。

後述するように、生産規模の拡大によって生産コストが下がることも価格低下に大きく寄与するのですが、販売価格を下げることを第1の目的として、生産規模を拡大する製造事業者や販売事業者はほとんどいないでしょう。価格はそのままで売上額と利益率を高められると思って生産規模を拡大するのです。生産規模を広げても需給バランスが取れている限り、価格は下がりません。価格自体が下がるのはやはり、判断ミスによって需給バランスが崩れ、供給過剰になるからです。

現在の電力系統、つまり運用に成功している計画経済の下では供給過剰が起こり得ず、この判断ミスが紛れ込む余地がありません。価格が下がる最大の原動力がないのです。

これまで電力料金が下がったことがあるとすれば、化石燃料の価格が大きく下がる、またはスケールメリット、つまり相当規模の発電インフラの導入や化石燃料の大量調達によって発電コストが低減する、あるいは何らかの理由で政府が電力会社に価格低減を勧告するぐらいでした。ですが冒頭で触れたように、化石燃料は長期的には価格上昇が不可避です。スケールメリットは、火力発電や原子力発電では実はあまり大きくなく、しかも初期投資の“元”が取れるのは数十年先と非常に時間がかかります。これでは、新興の発電事業者にとってはリスクが大きすぎ、結果として既存の大手電力会社に対抗できません。

後述する再エネと蓄電システムの大量導入がなければ、電力の計画経済の檻の中で、電力の需要家、そして発電事業者の隅々にICTの監視の目が光って発電の自由が大きく制限されたままになり、電気料金も高いままといった状況がずっと続くことになります。

電力は貯められない

そもそも電力系統が洋の東西を問わず、こうしたガチガチの計画経済であるのはなぜでしょうか。これは、政府が悪いわけでも、電力会社が悪いわけでもなく、電気の送配電に関する技術的な制約があるからです。「電力は貯められない」というフレーズを聞いたことがあるかもしれません。電力の消費者、および発電事業者の両方がまさにその制約によって、計画経済とそれに伴うさまざまな不利益を強いられてきたのです。

もっとも、この電力は貯められないというフレーズは、厳密にいえば現時点でも正確ではありません。というのは、中央給電指令所の管轄下にある電力の送配電網自体が、電気にとっては1つの“電気エネルギーの湖”のようなものだからです。この湖には複数の“川”が流れ込んでいます。つまり発電所から電気を送り込むための複数の送電ルートです。もちろん、流れ出

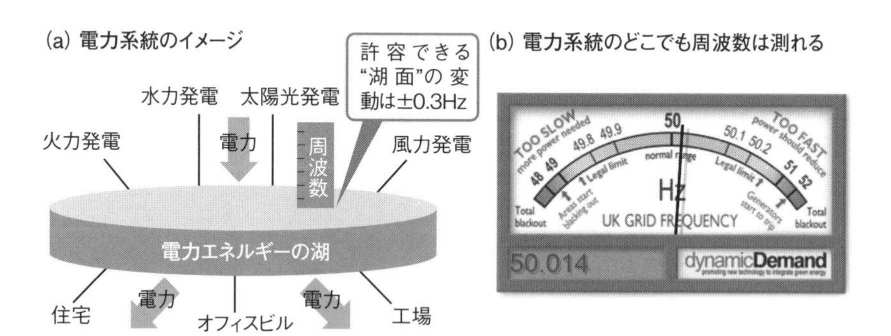

図 1-3　電力系統は電気エネルギーの湖

さまざまな発電所と住宅やビル、工場など電力の需要家をつなぐ電力系統のイメージ（a）。発電所が発電した電力と需要家が使う電力が一致しないと、“湖面（周波数）”が変動してしまう。リアルタイムに測定され、インターネットに公開されている英国の電力系統の周波数（b）。このWebサイトは10年以上も続いている。（出所：（b）はhttp://www.dynamicdemand.co.uk/grid.htm）

る“川”、つまり電気の出口となる配電ルートも多数あります（**図1-3**）。

交流電力のエネルギーは、その周波数に比例し、かつ電圧の2乗にも比例します。電力系統では、電圧は場所によって大きく異なりますが、周波数は管内のどこで測っても同じという特徴があります。つまり、交流周波数と“湖”に貯まっている電気エネルギーの量には強い相関があります。そのため、交流周波数はある意味、“湖面の水位”に例えることができます。

仮に“湖”に流れ込む発電量が出ていく消費電力量を上回っている場合、“湖面”は上昇します。その結果、交流周波数も増加します。逆に、発電量よりも消費電力量が上回ると“湖面”が低下し、交流周波数が減少します。

実際、電力系統の交流周波数は需給バランスの細かなズレを反映して常に増減しています。周波数が基準となる値（例えば、東日本では50Hz、西日本では60Hz）の±0.2〜0.3Hz以内になければ異常とされ、至急対処しなければなりません。電力系統という“湖”に貯まっている電気エネルギーの“湖面”の許される変動幅が非常に狭いことが、よくいわれる「電気は貯められない」の実際の中身です。

ブレーキがない自転車で下り坂を降下

仮に、基準周波数からの正常な範囲を超えて需給バランスのズレが大きくなると、発電機の負荷が急激に高まります。大型発電所の発電機、つまりタービンでは、交流周波数とタービンの回転周波数が同期しています。需給バランスの崩れが引き起こす交流周波数を増減しようという力は非常に強力で、タービンはあらがうことができません。

それはある意味、ハンドブレーキがなく、しかも足にペダルが固定されている競輪用の自転車をこいでいるときに、急な下り坂に差し掛かったようなものです（**図1-4**）。車輪の回転（交

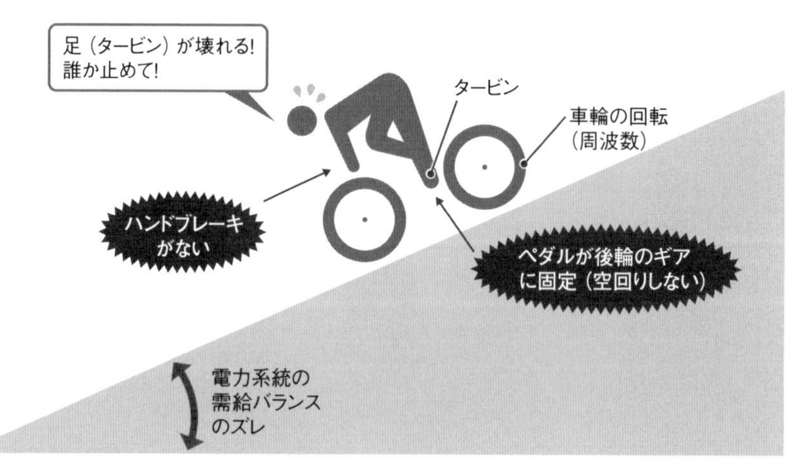

図1-4　ブレーキがなくペダルを止められない
電力系統の周波数と同期している発電用タービンの、需給バランスが崩れたときのイメージ。自分では回転（周波数）をほとんど制御できないため、破損を防ぐには、停電しか止める手段がない。

流周波数）にペダルの回転（タービンの回転）が追い付かなくなると、足（タービン）が物理的に壊れます。

タービン以外にも、交流周波数の変動は、交流のままで稼働するさまざまな機器に悪影響を与えます。

電力系統ではこうした事故や悪影響を防ぐために、周波数の基準からのズレが数%になると、発電機を電力系統から切り離す（解列する）か、需要家への電力供給を止める、つまり停電を起こすかを迫られます。

この事態を防ぐためには、“湖”に流れ込む電力と、流れ出す電力を高い精度で一致させねばなりません。これが、「同時同量則」という電力系統の最高法規ともいえるルールです。このルールを守るために、電力系統の運用は、発電量と消費電力量を厳しく計画、予測するガチガチの計画経済にせざるを得ないのです。

電池3兄弟でようやく“西側陣営”へ

電気料金が高いままなのは、この2つの制約（燃料の限界と同時同量則による計画経済）があるからです。この状況を打破し、日本を含む世界を“電力の西側陣営”に導いてくれるのが、「電池3兄弟」です。

1人めの電池が、太陽電池。実際には、太陽電池を含む再エネ全体です。2人めの電池が、蓄電池。そして3人めの電池が、主に水素を使う燃料電池です。電力系統網を支配する論理をこれまでの計画経済から自由主義経済に変える電力革命は、この3人がそろうことで初めて実現可能になります。誰が欠けてもうまくいきません。

第2章以降では、それぞれの電池の導入可能性と役割を詳しく説明していきます。

第2章

太陽電池/再エネ編

再エネの本質は電力の工業化

——電力源の"狩猟採集"時代が終焉へ——

再エネは工業製品

2050年に化石燃料が不要に？

電気代が下がっていかない原因の1つである化石燃料を使うことの課題は、太陽光発電や風力発電などの再生可能エネルギー（再エネ）の大量導入によって今後大幅に軽減していくでしょう。もう1つの原因である系統電力網の計画経済の解消と合わせれば、早くて30年後には化石燃料による火力発電が要らない世界、つまりは電気代1/10の世界が実現する可能性があります。

再エネは、化石燃料などとは性質が正反対ともいえるエネルギー源です。違いの1つは使ってもなくならない点。化石燃料が、採掘した後に発電に使ったが最後、失われてしまい、使えば使うほど希少性が高まるのに対して、再エネ、少なくとも太陽光発電と風力発電のエネルギー源は共に太陽で、太陽がある限りは失われることがありません。これは以前から語られており、多くの読者の方にも異論がないはずです。

自然エネルギーは工場で作られる

大きな違いはもう1点ありますが、こちらはこれまで日本ではほとんど語られていませんでした。それは、「自然エネルギー」とも呼ばれる太陽光発電や風力発電の電力は事実上、工場で量産される工業製品だという点です（**図2-1**）。正確にいえば、工場で生産できるのは、あくまで太陽電池や風力発電の風車といったハードウエアですが、燃料、つまり太陽エネルギーが無料であることで、それらの製品を生産することが電力を生産していることにほぼ等価なのです。

人類は食料については数千年前に狩猟採集の時代から、農業や養殖、つまり育てて殖やす時代に切り替わり、それが人口の急激な増加につながりました。さらに産業革命以降は、食料を含む非常に多くのモノが工業的に大量生産され、我々の生活を根本から変えてきました。狩猟採集時代の人類からすれば、現代は物資については夢のような世界です。

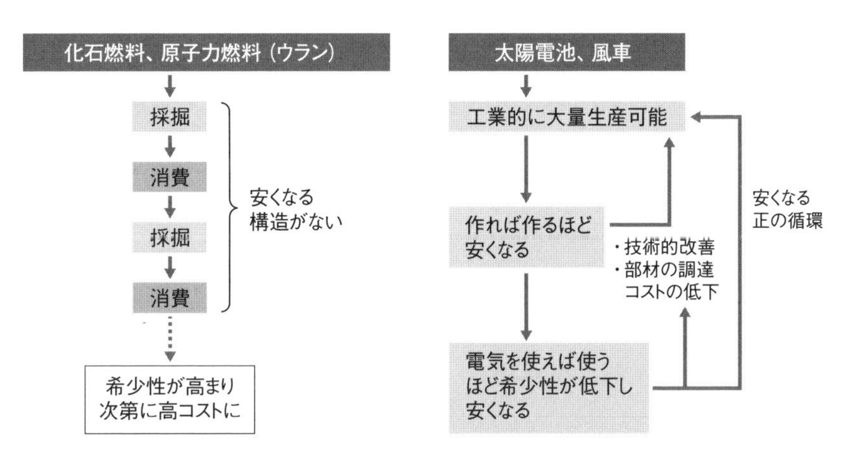

図2-1　エネルギーの狩猟採集時代から工業化時代へ

ところが、エネルギーに関してだけは、狩猟採集の枠組みから大きく変わっておらず、農業にさえなっていません。採掘したり消費したりする道具こそ近代化していますが、基本的には探索、採掘してきた化石燃料やウランを消費してはまた探索、採掘する、の繰り返しでした。例外は最も早く実用化された再エネ、つまり水力発電ですが、工場で量産できる工業製品とはいえません。しかも、ノルウェーなど水力発電がエネルギーの大半を担っている一部の国・地域を除くと、水力発電の規模の大幅拡大はいろいろな観点から容易ではなく、主力電源とするのは難しそうです。

太陽電池で“電力の工業化”がスタート

人類にとって、史上初めて工業製品として大量生産され始めた“電力”が太陽電池です。太陽電池は、半導体製造技術の親戚で、その大半は砂や石（珪砂、珪石）から取り出したシリコン（Si）材料でできています。太陽電池製品の生産量や導入量を示す世界共通の単位は、太陽電池モジュールの枚数や面積などではなく、「Wp†」つまり定格の発電出力です。電力が工業製品になったことの象徴といえます。

† Wp = Watt-peakの略で太陽電池の定格出力の単位。地上かつ屋外で使う太陽電池の定格出力は、「晴天時のAM1.5、25℃での太陽光に対する最大出力」と定められている。AM（Air Mass）は太陽光が海抜0mの地上に届くまでに通過する大気の厚みで、天頂方向がAM1.0。AM1.5は太陽高度が約41.8度のときの大気の厚みに相当する。このAMの値によって太陽光の色味（スペクトル）が変わり、太陽電池の出力も変わるため、こうした規定で性能指標を標準化している。

作れば作るほど安くなる「太陽電池版ムーアの法則」

電力が工業製品になったことのインパクトは大きく2つあります。1つは、材料が枯渇しない限りいくらでも量産できる点です。太陽電池の主成分は砂や石を精製して得られるシリコンですから枯渇の心配は事実上ありません。これでようやくエネルギーの"狩猟採集時代"が終わりを告げ、工場で電力を大量生産できるようになったのです。太陽電池で実際に電力を得るには、それに太陽光を当てて電力を"収穫"する必要があり、その点では農業ともいえます。もっとも、材料を工場で精製・加工してから、"畑"で電力を収穫するわけで、食品と順番は逆です。

後述するように、太陽光発電だけだと、日本では設置場所の制約がありますが、風力発電などと組み合わせたり、海外での再エネ電力を水素などに換えて輸入したりすることでそうした制約を回避できます。

もう1つのインパクトが、製造すればするほど製造コスト、つまりは発電コストを安くできる点です。別の言い方をすれば、工場でのカイゼン、すなわち小さな技術革新の連続と大量生産によって価格（発電コスト）を大幅に低減できるのです[注2-1]。実際、太陽電池の歴史はそれを体現してきました（**図2-2**）。

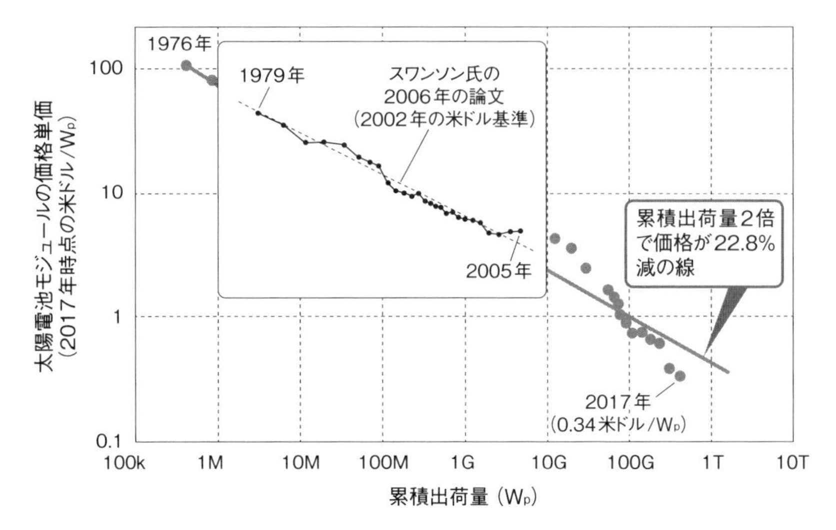

図2-2　太陽電池はスワンソンの法則で安くなる
リチャード・M・スワンソン氏が2006年に発表した、太陽電池モジュールの1Wp当たりの価格の低下の法則。(図：累積出荷量1M～10GWp間はスワンソン氏の2006年の論文[2-1]から。それ以外は、学会「International Technology Roadmap for Photovoltaic (ITRPV) 2018」の『Results 2017 including maturity report 2018』から引用)

具体的には、太陽電池モジュールの定格出力1kWp当たりの製造コストは、45年前（1975年）は約300万円（1米ドル＝300円で換算）もしましたが、20年前の2000年には40万円超、そして現在は約2万5000円前後（20～25米セント/Wp）と大幅に安くなりました。45年前の1/100以下になっているのです。

注2-1）実際の太陽光発電の発電コストには、太陽電池モジュールの価格のほか、設置時の工事費や直流電力を交流電力に変換するパワーコンディショナー、さらにメンテナンスコストなど、BOS（Balance of System、その他の諸費用）と呼ばれるコストも加わる。比率でいえば、太陽電池モジュールを1とすれば、BOSは1～4とBOSがかなり高いケースもある。ただし、ほとんどの場合、太陽電池モジュールが大量に導入されて価格が下がれば、BOSも同様に下がっていくため、太陽電池モジュールの価格が太陽光発電の発電コストの目安になる。

2倍作れば2割安くなる

この製造コスト低下は、技術革新やカイゼンと量産が相互に続くいわゆるハイテクと呼ばれる工業製品全般に共通する傾向です。技術革新でコストが下がるのは分かりやすいですが、量産が進むこと自体も大きなコスト低下につながります。材料や部材の大量調達や製造プロセスのちょっとした効率化といった、1つ1つの小さなコストダウンが、大量に積み重なってくるからです。そして、製造コストが下がればいっそう量産が進み、それがさらに製品のコストを下げるという正の循環が回りだします。その累積製造量とコストの関係は「学習（または習熟）曲線」と呼ばれます。

そのコスト低下の程度ですが、太陽電池モジュールの場合、「モジュールの累積製造量が2倍になると製造コストが約2割低くなる」という経験則が早くから知られています[2-1)]。半導体の集積度が約2年で2倍になるというムーアの法則になぞらえて、「スワンソンの法則」とも呼ばれています。これを提唱したリチャード・M・スワンソン氏は米スタンフォード大学の元教授で、太陽電池メーカーである米サンパワーの創業者。「米国の太陽電池の父」と呼ばれています。筆者は1度だけですが、取材でお会いしています。

ただし、この法則は「累積製造量が2倍」になるスピードがやや分かりにくい難点があります。実績ベースでみた「約10年で価格が1/4になる」法則と言い換えた方がイメージしやすいかもしれません。1年で平均約13%ずつ安くなっています。

太陽電池モジュールの製造コストの低下はまだ当面続く見通しで、米マサチューセッツ工科大学（MIT）の研究者は2019年10月、シリコン系太陽電池モジュールの製造コストは近い将来に現状よりも3～4割安い15米セント/Wp（約1万6500円/kWp）を割り込むとする論文を発表しました[2-2]。将来的には、再エネの大量導入によって電気料金が目に見えて下がってくれば、多くの電力を必要とするシリコンの精製やモジュールの製造のコストも大きく下がってくるでしょう。

加えて、次世代太陽電池とも呼ばれる幾つかの技術では、シリコン基板を使わず、新聞紙を刷る輪転機のような装置で太陽電池が量産されるようになる見通しです。スワンソンの法則が2050年まで続き、太陽電池の製造コストが現在の半額となる約1万3000円/kWp（12米セント/Wp）以下になることも荒唐無稽な予測ではありません。

低コスト化のカギは大量生産

再エネの電力が工業製品であることに筆者が初めて気が付かされたのは、米国エネルギー省下の再エネの開発組織である国立再生可能エネルギー研究所（National Renewable Energy Laboratory：NREL）の所長を1994～1997年の間務めた、チャールズ・F・ゲイ氏を2007年に取材した時でした。

ゲイ氏は当時、液晶パネルなどの製造装置メーカーである米アプライド・マテリアルズ（AMAT）に在籍しており、取材でも液晶パネルと太陽光パネルの技術の共通点を強調していました。実際、液晶パネルの価格にも太陽電池とよく似た学習曲線があることが知られています（**図2-3**）。

液晶パネルは、フルHDパネルの対角1インチ当たりの価格が1990年には約3万円でしたが、2005年には約1万円、2007年には1000円を割り込み、2010年以降は500円以下になってし

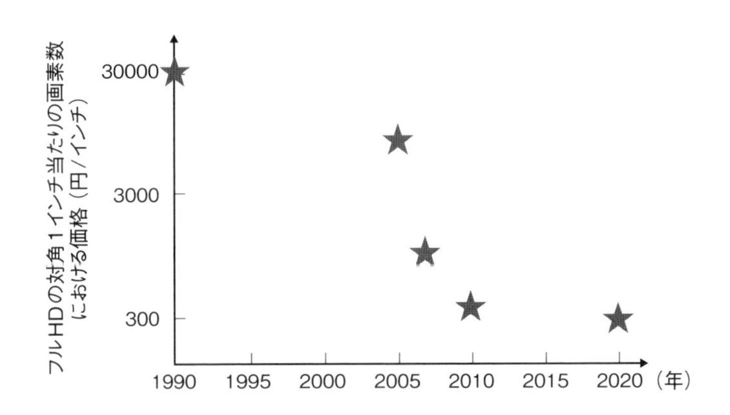

図2-3　液晶ディスプレーの価格単価は30年間で1/100に
液晶ディスプレーのフルHD対角1インチ当たりの画素数における価格の推移を示した。（図：日経エレクトロニクスの取材データを基に本書が作成）

まいました。現在は4Kパネルが主流で約1300円/インチとやや価格が上がっていますが、フルHDと同じ画素数単位では、300円超/フルHDの1インチ相当の画素数となり、30年間で100分の1になりました。

ゲイ氏は、太陽電池の将来にも触れ、「太陽電池メーカー1社で年間1GWpという生産規模になるとみられる2010年ごろに、太陽光発電の発電コストは石油など化石燃料を用いた発電コストに並ぶだろう」と述べていました。当時はまだ太陽電池モジュールが2〜3米ドル/Wpと現在の10倍近く高かったのですが、その後の価格、そして他の発電源との競争力は、ゲイ氏の“予言”の通りになりました。

日本は技術革新の方向性でも判断ミス

量産が低コスト化の最大の原動力になるという発想は、技術革新だけを重視していた経済産業省下の研究機関である新エネルギー・産業技術総合開発機構（NEDO）や太陽電池メーカーのシャープなど、当時の日本の技術者にはないものでした。

太陽電池の開発において、日本は進むべき方向性を間違ったかもしれません。というのも技術革新には大きく2つの方向性があるからです。1つはコストパフォーマンスを重視した量産ができることが前提の技術開発、もう1つは性能こそ非常に高いが

1GW＝原発1基の出力

ゲイ氏が特に強調した低価格化のカギは量産、それも圧倒的な大量生産です（下掲の「日本は技術革新の方向性でも判断ミス」も参照)。1GWpは100万kWp、標準的な1枚200Wpの太陽電池モジュール500万枚分です。1GWはちょうど平均的な原子力発電プラント1基の定格出力に相当することからも、いかに大量かが分かるでしょう。実際、世界では2010年ごろから、太陽電池の年間生産量が1GWpを超えるメーカーが急速に増えました。現在、世界市場シェアトップの中国ジンコソーラー（JinkoSolar Holding）は2018年の太陽電池モジュール生産量がついに年間10GWpを超え、2019年は同14GWpを生産する規模になっています。

骨董品のような量産が難しい技術開発、の2つです。日本の企業や研究者の多くは、後者の方向に進んでしまいました。これでは安くなるどころか、技術革新によってコストが上がる一方です。

これが、日本の太陽電池メーカーのほとんどが世界市場における競争で敗れた理由の1つになりました。現在は日本の太陽光発電システムでさえ大部分が海外メーカー製です。

既存の発電源にはまねできない

こうした大量生産で太陽電池の価格や発電コストが下がっていく性質は火力発電にも原子力発電にもない、太陽電池と太陽光発電の著しい特徴です。火力発電のプラントも工業製品なので製造数を増やせばやはりややコストダウンにはなるでしょうが、太陽電池モジュールのような500万枚といった単位では量産できません。しかも仮にプラントが安くなっても、発電コストの大部分は化石燃料の価格で決まってしまいます。その化石燃料は使えば使うほど希少性が高まり、長期的には発電コストが高くなります。原子力発電は発電プラントの製造コストとその保守管理コストが発電コストの大部分ですが、最近は安全性確保のコストが高まる一方で、しかもプラント数を大幅に増やせる状況にはありません。

2～4円/kWhの太陽光発電はすぐそこ

太陽電池モジュールの製造コストを基に、BOS（Balance of System、その他の諸費用）が太陽電池モジュールの費用とほぼ同額と低い欧州で発電コストがいくらになるかを試算してみましょう。発電コストは、厳密には、均等化発電原価（Levelized Cost of Electricity：LCOE）と呼ばれる製品材料の調達から製造、運搬、管理そして廃棄に至るまでのライフサイクル、および金利などのトータルコストを緻密に計算しなければなりませんが、ここではやや簡易な見積もり方法を取ります。

例えば、大規模太陽光発電（メガソーラー）向け太陽電池モジュールの価格は、直近では定格出力1kWp当たり2万5000円（25円/Wp）程度です。発電システムの導入コストは、施工費などBOS込みでも欧州ではその2倍の5万円/kWp（50円/Wp）で済みます。また、欧州の日照条件では太陽電池モジュール定格1Wp分の年間発電量が平均で約1kWhになります。10年では10kWh。すると初期投資額の50円/Wpは、10年想定で50円/10kWh＝5円/kWhという発電コストに換算できます。

製品寿命が長くなる、すなわち発電期間が長くなれば発電コストは下がりますが、10年を超えると太陽電池の直流出力を交流に変換するためのパワーコンディショナーの更新などのメンテナンスコストが無視できなくなります。その追加分は初期費用がおおよそ1.5倍になるイメージです。これで20年の発電期間を想定すると発電コストは、50円×1.5/（1kWh/年×20年）＝約3.8円/kWhとなります。

これは発電原価で、利益を上乗せすると5円/kWhほどになるはずです。まさに欧州のメガソーラーにおける電力料金が4～5円/kWh前後であることと符合します。

ところが、日本ではここまでは安くはなっていません。国土の大部分は欧州に比べて緯度が低く、太陽電池1Wp分の年間発電量が平均1.2kWhと多い一方で、施工時の人件費や土地代などが高いためです。これはBOSの高さにつながります。

仮に、BOSが太陽電池モジュールの4倍と仮定すると、20年での発電原価は約8.2円/kWh。日本では「卒FIT」、すなわち2009年に始まったかつての住宅向け余剰電力買取制度の買い取り期間が2019年11月に満期を迎え始めました。それを受けて業者が発電電力を買い取る料金が7～11円/kWhになりましたが、この金額と試算した8.2円/kWhはほぼ符合します[注2-2]。買い取り業者が多数いる中、買い取り価格の高い方が選ばれる可能性が上がる一方で、それ以上高い料金で買い取るぐらいなら、自ら太陽光発電を始めた方がよいという価格がちょうどその水準というわけです。

一方、中東や米国西海岸の半砂漠など太陽の南中高度が高く日照時間も長い地域では定格出力1Wp当たり年間2kWh以上を発電できるため、発電コストは欧州水準のさらに約半分になります。実際、2017年のサウジアラビアによる300MWのメガソーラー建設計画の入札で、LCOEが1.7857米セント（当時約2円）/kWhでの応札があり、世界が驚きました。この入札に

注2-2）例外的に大和ハウス工業は22円/kWh、丸紅ソーラートレーディングは15円/kWhという高い買い取り価格を示している。ただし、いずれも蓄電池の購入・設置が必要でしかも最初の1年間のみの価格。2年目からの買い取り価格は大和ハウス工業が11.5円/kWh、丸紅ソーラートレーディングが11円/kWhとなる。

は日本の商社3社も参加しました。丸紅が示したLCOEは2.66米ドル/kWh、日揮ホールディングスは2.784米ドル/kWh、三井物産は2.856米ドル/kWhでした。最終的には、地元サウジアラビアのACWAパワーが提示した2.3417米セント/kWhのシステムが選ばれました。米国ロサンゼルス近くのモハーベ砂漠での太陽光発電も2円/kWh台です。

今後、製造コストが15米セント/Wp（約1万6500円/kWp）の太陽電池モジュールが出てくれば、欧州では発電コストとして2円/kWh台、中東や米国西海岸の半砂漠なら約1円/kWh、日本でも4～5円/kWhの実現が見えてきます。太陽光発電だけを考えると電気代1/5の実現はすぐそこにあるわけです。

約1年発電すれば電力の“元”が取れる

ここまで読まれた読者の方には、太陽電池モジュールの製造には大量の電力量が必要で、その電力量を考慮すると、太陽光発電は実際には発電しているといえないのではないか？と思う方がおられるかもしれません。こうした疑問は、太陽光発電の導入に批判的な人々の“十八番”と呼べる指摘でもあります。

結論から言えば、その指摘は1990年ごろまでは正しかったようです。つまり、その頃までの太陽電池は、本当の意味では発電していなかったのです。

太陽電池モジュールの製造および太陽光発電システムの製品寿命までのメンテナンスに必要な電力量を、同モジュールが太陽光発電で出力する電力量で償却できるようになるまでの時間は、「エネルギー・ペイバック・タイム（EPTまたはEPBT）」と呼ばれます。太陽光発電のEPTは1990年ごろまでは10～20年で、太陽電池モジュールの想定寿命と大きくは変わりませんでした。太陽電池の主材料であるシリコンの精製に大量の電力が必要だったからです。つまり、太陽電池は一見発電しているようで、実際には製品寿命の大部分が、製造時に費やした“電力の借金”を返済している期間だったのです。

しかし、価格が大きく下がるとともに太陽電池モジュール自体の技術や製造プロセスの効率化が進み、モジュールの製造に必要な電力量も大きく下がりました。特に効果的だったのは、太陽電池のシリコン基板が薄くなったことです。

結果、EPTも大きく短縮されてきました。産業技術総合研究所の調査によれば、1990年後半はEPTが6～8年、2000年ごろは3年前後。2009年以降の多結晶シリコン系太陽電池モジュールのEPTは約1年で、30年かそれ以上という想定寿命に対して非常に短くなっています（**図2-4**）。約1年発電すれば製造に費やした電力量の元が取れ、それ以降は純粋な発電になります。

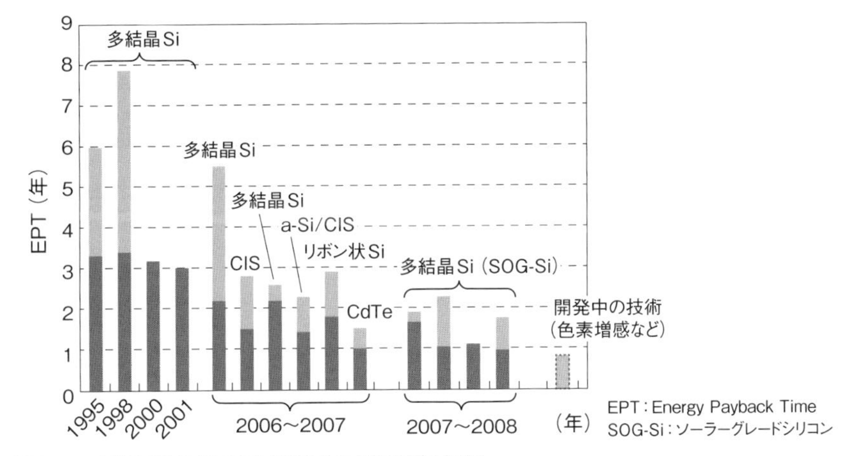

図2-4　太陽電池のEPTは2009年以降ほぼ1年に
産業技術総合研究所が2010年に発表したデータを示した。（図：同所のデータを基に本書が作成）

最近の10年はシリコン基板の厚みがあまり変わらなかったのですが、今後は再び薄膜化が進む見込みで、近い将来に現在の半分になる見通しです。すると、EPTは6カ月ぐらいになる可能性があります。

シリコン系太陽電池の主原料は砂や石（珪砂、珪石）で、事実上無尽蔵にあります。砂からできる太陽電池を増やせば増やすほど低コストのエネルギーを生み出すわけで、今後の人類がこれを生かさない手はありません。

風力発電は大型化でコストダウン

一方、再エネのもう1つの柱である風力発電の発電コストはどうでしょうか。

風力発電で使う風車はやはり工業製品なので、量産すればするほど安くなります。ただし、製造技術はハイテクというよりは、造船や航空機の製造に求められる技術に近く、単純な量産によるコスト低減効果は太陽電池ほど大きくはありません。

代わりに風力発電の発電コスト引き下げを牽引してきたのは、風車の大型化です。風力発電では、風車のブレード（回転翼）の長さの2乗に比例して発電出力が増える特性があります。一方、風力発電のコストのうち、最も大きい項目が設置コストです。風車1基の発電出力が大きくなれば、風力発電ファームでのトータルでの出力合計が同じ場合、設置する基数が少なくて済むため、導入コストの総額が低くなります。加えて、一般に上空に行くほど風は強く、しかも安定的に吹くので、大型化で風車の背が高くなれば、設備稼働率が向上します。結果、風車を大型化するほど定格出力当たりの発電コストは下がるわけです。

寸法が10年で約2倍に

こうした背景から、2010年代に風力発電プラントの大量導入が始まった欧州では、風車の巨大化が急速に進みました。そのペースはざっくり10年で2倍です（**図2-5**）。具体的には

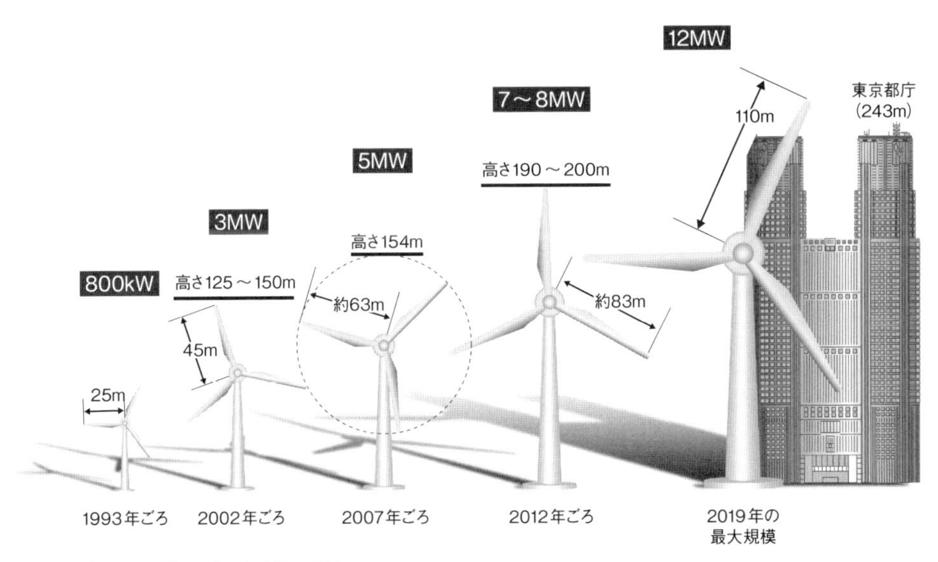

図2-5　約10年で寸法が倍に

1995～2019年の風力発電用風車の寸法や出力の推移。1980年代以降、風車の寸法は約10年で2倍のペースで大型化している。現在の最大規模は米ゼネラル・エレクトリック（GE）の「Haliade-X」で定格出力は12MW。高さは260m、ローター（回転翼）の直径は220mに達する。2019年に試験稼働が始まり、2021年には本格導入が始まる見込みだ。（図：『日経エレクトロニクス』、2013年6月10日号、p.63の図を本書が加筆修正）

1985年ごろに75kW級、高さ約20mだった風車は、1990年ごろには300kW級、高さ約50m、2012年ごろには7MW級、高さ200m弱にまで大型化しました。現在でもこの傾向は続いています。次世代の風車は米ゼネラル・エレクトリック（GE）の「Haliade-X」が12MW級、最大高さ約260mで、東京都庁舎の高さ243mを超えました。2019年11月に試験的な発電が始まり、2021～2022年ごろには本格導入が計画されています。

再エネは安い電力として注目

こうして工業化された再エネの価格競争力は急速に高まっています。風力発電システムが大量に導入された欧州での発電コスト（LCOE）は1985年ごろには60ユーロセント/kWh（約73円/kWh）と非常に高コストでしたが、2016年時点では約8.8円/kWhと大幅に低減しました[2-3]。地上風力発電の電力料金は、ドイツの石炭火力に並ぶか若干低い水準です。

再エネの導入当初の動機は、地球温暖化対策だったかもしれませんが、EPTが3年前後かそれ以下になった2000年ごろから、発電コストの点でも有望な発電源であるという認識が世界に広がりました。今や既存のほとんどの発電源に対しても発電コストが低いことが導入の最大の牽引力になっています（**図2-6**）。“お金のにおい”に敏感な投資家による投資額も、再エネ

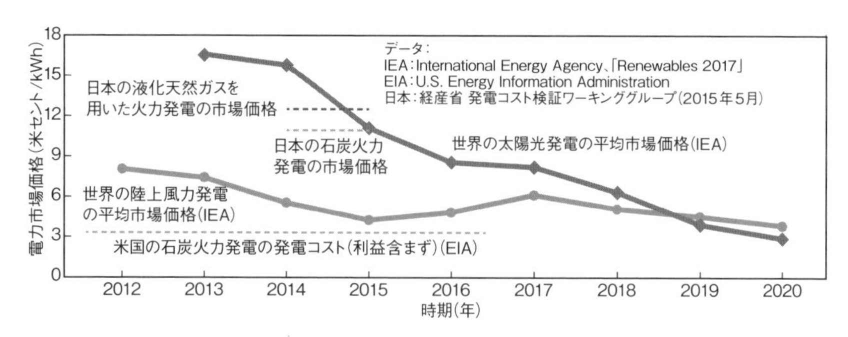

図2-6　世界の再エネは最も安価な電力源に

世界の太陽光発電と風力発電の電力市場価格の推移を示した。2020年には、共に約3米セント/kWhと、マージンを含まない石炭火力の発電コストと並ぶ水準になると予測されている。

が他の発電源を大きく上回るようになっています。

こうした再エネの特性にいち早く気が付いた国・地域は2000年初めごろから我先にと再エネの導入を進め始めました。代表例がドイツやスペインです（**図2-7**）。

取り組みが早かったドイツでは、2019年末に再エネによる年間発電量が需要電力量の46％を占めるまでになりました。2030年にはこれを65％にする計画です。英国、中国などがこれに続きます。中国の再エネ比率は2018年末で定格出力ベースでは700GWで、総発電出力の38％に達しました。電力量ベースでは1867TWh/年で、年間総発電量の26.7％と極めて大きく、

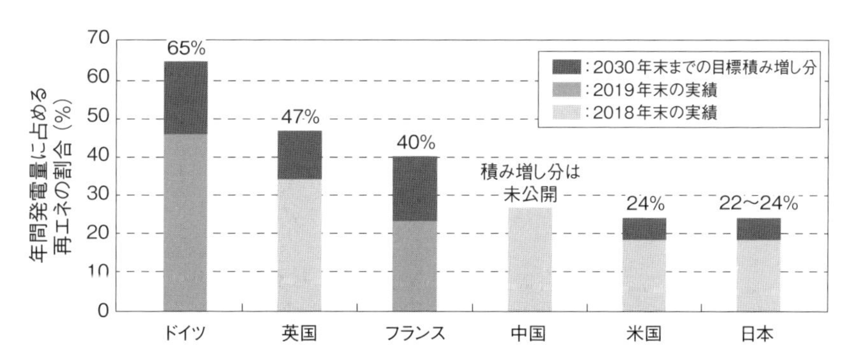

図2-7　各国の再エネ導入実績と2030年末の目標値
再エネ導入に積極的な幾つかの国と日本の再エネ導入比率の比較。再エネには水力発電も含む。ドイツは風力発電による発電量が再エネの54％を占める。英国は再エネの51％が風力発電で、バイオマスが同31％。フランスは水力が再エネの51％、次に風力発電の同31％。日本は再エネのうち水力発電が45％、次いで太陽光発電が37％である。（図：米Preqin、英Carbon Brief、フランスRTEの「Panorama of Renewable Power in France in 2018」、環境エネルギー政策研究所（ISEP）、米Center for Climate and Energy Solutions（C2ES）のデータを基に本書が作成）

日本の年間総電力需要量（約1000TWh）の2倍近くになっています。

原発大国だったフランスでさえ、2030年に電力量の40%を再エネ由来にする目標を掲げています。実はフランスは、2000年初めから毎年1GW前後のペースで風力発電システムを導入してきており、2018年末には累計15GWと一定の存在感を示すようになっています。今後は太陽光発電と併せて導入ペースを大幅に加速させる計画です。

2050年には再エネが電力量の86%に

世界全体では、国際再生可能エネルギー機関（IRENA）が2030年には世界の全電力需要量の約37%、2050年には、同60%超が太陽光発電と風力発電の電力で賄われると予測しています。再エネ全体では2050年に全発電量の86%を占めるという予測です（**図2-8**）[2-4]。定格出力ベースでは、2050年には風力発電が累積6044GW、太陽光発電が同8519GWで、世界の全電力設備容量の約73%を占めるとしています。

現在の導入ペースは太陽光発電の場合年間110GWp前後ですが、この2050年の目標を達成するには、さらにペースを加速させる必要があります。IRENAは2030年以降、年間300GWpと現在の3倍近くに上がるとみています。

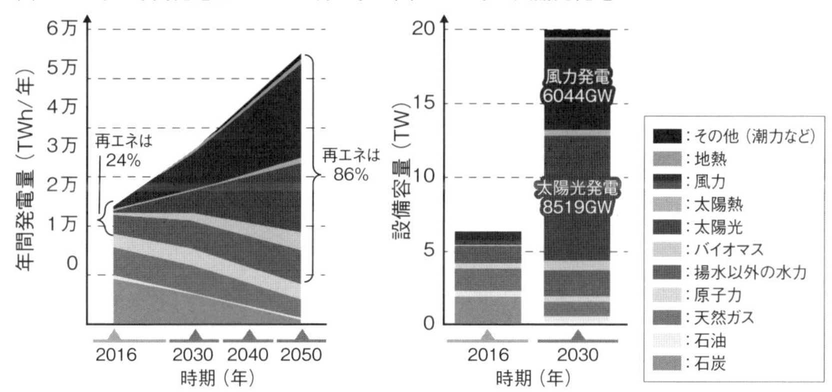

図2-8　2050年には再エネが電力量の9割弱を発電へ

国際再生可能エネルギー機関(IRENA)による2050年までの世界全体における再エネ導入のロードマップ。2016年に24%だった年間発電量に占める再エネの割合は2050年には86%に高まるとする(a)。設備容量ベースでは、2050年には太陽光発電が8519GW、風力発電が6044GW導入されているとする(b)。(図:IRENA[2-4])

日本でも再エネが本格化

電事連は「太陽光は10GWpまで」

再エネ導入で加速する世界のこうした動きに対して、日本の動きは総じて鈍いです。日本での再エネによる発電量は、2019年末で年間発電量の17%。この数字自体は特別に低くないのですが、勝負はむしろこれから。導入量をますます増やしていかなければならないにもかかわらず、2030年時点での導入目標比率は22～24%でしかありません。この計画通りであれば、欧州の主要国や中国などに対して決定的ともいえる差をつけられてしまいます。

その要因になっているのはやはり電力系統の計画経済です。2000年代後半には日本でもドイツやスペインなどに倣って再エネを大量導入すべきという声が高まりました。ところが、そこから特に日本では電力系統の計画経済を守ろうする動き、つまり出力変動を嫌う動きが強まります。

大手電力会社で構成する電気事業連合会（電事連）は2008年5月、「(系統の安定を維持する上で）既存の電力系統に連系できる太陽光発電の総出力は、全国で計10GWpが限界」と発表しました。

電力系統が計画経済という点は欧州や米国も同じですが、日本よりも電力系統の規模が大きい上に、IoT（Internet of Things）技術を活用した柔軟な運用をしていることで出力変動に対する許容量が大きく違っています。例えば、欧州は多くの国・地域が国境を超えて電力をやりとりしています。また、気温に応じて送電線の容量を増減させています。気温が低い日は送電線の容量が大きく増えるからです。

一方、日本では全国でみれば電力系統の規模で欧州の半分程度と、一定規模があるものの、実際には東京電力、関西電力といった電力会社大手10社ごとに電力系統が分断され、会社間の電力融通も非常に限られていました。これが太陽光発電の許容量の差と関係しています。

しかし、その点を考慮しても、当時の電事連が定めた10GWpという上限には、合理的な説明がつきません。電力系統の状況はほとんど変わっていないのに、2019年末時点では太陽光発電だけで約63GWpが導入されているからです。計画経済の特性というか、出力変動の予測が難しい新しい発電源に対する恐怖感がそう言わせたと考えられます。

強いて言えば、原子力発電所の大半が止まっている点が2008年当時との違いといえます。電事連は当時、消費電力量の約25％を発電していた原発を大幅に増やして、将来的には同50％

〜75%を賄おうという計画を持っていました。それを前提に考えると、再エネを電力系統に入れる余地はないと考えたのかもしれません。

ただ、それも同時同量則による総発電量の増減ゼロを前提にした考えです。その前提が変われば電事連も違う発表をしていたかもしれません。

計画を10年超前倒しで達成

電事連のこの発表にもかかわらず、ドイツやスペインなどの影響を受けて、日本でも再エネに対する社会的期待は高まる一方でした。そうした声を受けて、日本政府（麻生内閣）は2009年8月に再エネの最大導入量として、「2020年に28GWp, 2030年に53GWp」という目標を掲げ、住宅向けの余剰電力買い取り制度などの導入促進策を始めました。この目標値に対して既存の電力関係者からは「荒唐無稽な数字」という批判が出る一方、再エネ導入に期待する事業者からは、「まだまだ消極的」という正反対の声が相次ぎました。

その後2011年に発生した東日本大震災を境に再エネのさらなる導入促進策が始められました。ドイツ流の固定価格買取制度（FIT）が始まったのです。このFIT導入以後、日本では太陽光発電を軸に年間5G〜9GWpと、それ以前の状況からすると驚異的な導入ペースが続き、現在の累計導入量は2019年末で上述の通り約63GWp（直流ベース）になっています。2009年の政府の導入目標を10年以上前倒しで達成してしまったのです。

単純に太陽光発電による発電量だけをみると、日本は2018年では中国、米国に次いで3位で、2010年代はかなり導入が進んだといえます。ただし、経済規模、つまり電力の消費電力量が大きい日本では、現状はまだまだ出発点にすぎません。

日本で太陽光発電は600GW以上導入可能

世界で加速する再エネの導入ですが、そうはいっても国土の狭い日本で果たしてどこまで再エネを導入できるのでしょうか。仮にその上限まで導入しても日本の電力需要量を賄えなければ、国内だけの再エネの大量導入による電力料金の大幅低減は絵に描いた餅、つまり実現不可能になってしまいます。

結論からいうと、電力系統での同時同量則や送電容量を考慮しなくていい場合、太陽光発電と風力発電の導入可能量の合計は現在の日本の電力需要量を満たしてあり余るほどになります。

太陽光発電だけで必要電力量の6～10倍？

まず、太陽光発電については経済産業省下のNEDO、経済産業省自身、そして環境省がそれぞれ調査、公表した試算があります（**表2-1**）。

調査主体		NEDO		環境省	経産省
発表時期		2009年		2012年	2011年
調査内容		2030年の推定導入量	物理的導入可能量	事業性が見込める導入可能量	
住宅	戸建て	53.1GWp	101.1GW		49GWp
	共同住宅	23.1GWp	105.8GW		42GWp
公共施設		13.5GWp	13.9GW	18.4GWp	44GWp
工業施設		53.1GWp	290.7GW	37.7GWp	
店舗など		8.6GWp	32GW		
農業施設		0Wp	95.9GW		
交通・運輸施設（空港、駅舎や高速道路の法面など）		16.4GWp	54.5GW	2.6GWp	39GWp
その他				23.1GWp	
未利用地	元農耕地		3000.5GW	67GWp	140GWp
	林野地		1342.2GW		
	河川		34.5GW		
	ダム		0.4GW		
	自然公園		2309.4GW		
	海岸		27.9GW		
	湖沼		575.6GW		
電気事業用					
水素製造用		35GWp			
合計（設備容量）		202.8GWp	7984.4GWp	148.8GWp	314GWp
合計（推定発電量）				130TWh	

＊1　NEDO「太陽光発電ロードマップ（PV2030＋）」
＊2　環境省「平成21年度再生可能エネルギー導入ポテンシャル調査」

表2-1　日本における太陽光発電の導入可能量の推定例

NEDOが2009年に発表した太陽光発電の物理的な導入可能量は約7984GWpと、非常に大きくなります。仮にこの場合の発電量は年間約5800T～9600TWhになるとみられ、日本の現在の年間電力消費量である1000TWh弱の6～10倍を賄えることになります。

ただし、この物理的導入可能量は事業性、つまり発電事業として成り立つかどうかについてまったく考慮しない数字で、しかも相当な割合が宅地などに転用されてしまっている元農耕地のほぼ全部を想定していたり、他目的への転用が難しい林野、自然公園などの占める割合が非常に大きくなっていたりして現実的ではありません。筆者も自然林などを切り拓いて太陽光発電システムを導入することには反対の立場です。

一方、経済産業省はトータルで314GWpという見積もりです。環境省は2012年に事業性を考慮した最大導入可能量を調査し、148.8GWpというやや低い数字を出しています。ただし、両省の見積もりは、NEDOとは逆に導入可能量が大幅に過小評価になっている可能性が高いといえます。

特に環境省のデータに着目すれば、過小評価だと思われる理由は大きく4点あります。(1) 住宅の屋根や民間企業のビルなどへの設置分が含まれていない、(2) 事業性についての判断基準が実態から乖離している、(3) 耕作放棄地の約1/4しか利用対象にしていない、(4) 耕作放棄地において太陽電池モジュールを水平に設置した場合の土地の単位面積当たりの発電効率を6.7%と低く設定している、です。

(1) は環境省が当初からカウントしてないので仕方がないといえます。(2) については、事業性の判断基準の1つとして太陽光発電システムの導入コストを挙げていますが、2012年当時の2020～2030年における最も安い想定は20万円/kWp。10万円/kWpになるのは2030年以降としています。ところが、現時点の欧州のメガソーラーでは5万円/kpW、日本で同10万円/kWp弱で、環境省の想定の10年前倒しで低コスト化が進んでいるのが実態です。

(3) の耕作放棄地は、内閣府のデータによれば2015年度（平成27年度）時点で42万ヘクタール（ha）。しかも年々増えています。一方、環境省は2008年度（平成20年度）のデータのうち、林野化、森林化が進んで農地に再生できない土地である10万4698haだけを考慮の対象にして67GWpという導入可能量を算出しています。農地に再生可能な土地を太陽光発電に使ってしまうことに抵抗があるのは理解できますが、耕作放棄地問題についての解決策を国が示しているわけでもないのです。耕作放棄地の“放置策”よりは太陽光発電を設置したほうがよいかもしれません。

耕作放棄地はソーラーシェアリングに

この解決策の1つに「ソーラーシェアリング」があります。これは、太陽光発電システムと農業を両立させる手法で、太陽光発電システムの設置密度を1/3前後に減らす代わりに、システムの下で日照が多少弱くてもよく育つ作物、例えばミツバやアシタバといったセリ科の植物やミョウガなどを栽培するのです。

（4）の6.7%という土地面積に対する発電効率は、太陽電池モジュールの発電効率が20%前後であることからみると大幅に低い値ですが、本来これは使える土地がふんだんにあり、土地面積の有効利用が最優先でない場合の使い方です。太陽電池モジュールを傾斜させて設置した場合に、隣接するモジュールの影が互いに当たらないように太陽電池モジュール同士を意図的に大きく離して設置するのです。一方、利用できる土地が限られており、ソーラーシェアリングを考えない場合は、この発電効率は低すぎます[注2-3]。ただし、ソーラーシェアリングであれば適切な値になります。つまり、この6.7%という値のまま発電量を計算できます。

環境省の調査結果のすべてを見直すのは筆者の手に余るので

注2-3）利用できる土地が限られており、ソーラーシェアリングを考えない場合は、傾斜角を小さくして高密度にモジュールを設置したほうが良い結果が得られることが知られている。NEDOの調査データに基づいて後者の立場で計算すると、変換効率が20%の太陽電池モジュールであれば、同じ土地で実効発電効率約17%を期待できる。

すが、(1) の住宅や民間ビルへの設置分として経済産業省の調査結果である91GWpを採用、耕作放棄地については内閣府発表の約42万ha（環境省が対象とした約4.15倍）すべてを対象とする一方で、ソーラーシェアリングを義務付けると、その導入可能量は、67GWp×4.15＝約278GWpとなります。つまり、環境省の調査結果を一部見直すだけで、日本における太陽光発電システムの導入可能量は、定格出力ベースで450GWp、年間発電量ベースでは324T～540TWh。日本の電力総需要の1/3～1/2という結果になります。

全国の道路も発電プラントに？

実際にはこれだけではありません。省庁の導入可能量の調査では十分検討されてはいないものの、太陽光発電システムを大量に設置できる“隠し玉”のような場所は実は多いのです。例えば、民間のビルの側面や窓、民間所有の有休地、そして全国の車道、さらには自動車自体などです。

ビルの側面の面積合計はかなり広いと推察できます。そうした場所は大半がガラス窓であることが多いようですが、最近は半透明の太陽電池も出てきており、設置不可能ではありません。半透明であることはいわば太陽光の大部分を取り逃しているといえ、発電効率はせいぜい3～4%と低いです。それでも、一般の太陽電池が置けない場所に設置できるわけで、大きな面積を利用できれば一定の発電量を確保できそうです。

民間所有の有休地は、例えば、高度成長時代に海を埋め立てて広大な臨海工業地帯を形成していたものの、低成長時代に使い道がなくなったような土地です。こうした土地が、実は2012年のFIT開始以後、日本の太陽光発電システムの大量導入で大きな役割を果たしてきました。

道路については、高速道路の壁や法面は環境省などの調査に含まれていますが、実際にクルマが走る車道は未検討でした。現在は、国内外で太陽電池モジュールを舗装用部材として使う動きが実際にあります。海外ではフランスや米国などが先行例で、六角形の大型太陽電池モジュールを敷き詰めることで、道路の“舗装”が短時間で完了する製品も開発されています。ただ、そこで浮き彫りになった課題が大きく3つあります。(1) 表面が滑りやすくクルマのブレーキが利きにくい、(2) 耐久性に課題、(3) 非常に高コスト、の3つです。(2) と (3) はトレードオフで、トラックなどの重みや高速走行の衝撃に耐えらなかったり、逆に耐久性を高めたことでコストが跳ね上がったりしているようです。

この道路発電について日本では最近になって、これらの課題を解決したとする太陽電池モジュールが複数登場しています。例えば、MIRAI-LABOが開発した「Solar Mobiway」は、一般の高速道路の表面に使われている硬質樹脂をモジュール表面に用いて（1）を解決（**図2-9**）。（2）と（3）の耐久性とコストについては、割れやすい結晶シリコン系太陽電池ではなく、フレキシブルなアモルファスシリコン太陽電池を利用してコストを高めずに対処できたとしています[注2-4)]。

太陽電池モジュールの変換効率こそ約5%とやや低いのです

図2-9　道路も発電する時代に
MIRAI-LABOが開発した道路用太陽電池モジュール。太陽電池はフレキシブルシート上に形成されており、荷重がかかっても壊れないとする。加えて、表面には高速道路で使われている滑り止め用硬質樹脂を積層してあり、クルマのブレーキ性能も落ちないという。

が、「全国の車道の占める面積は公道だけで5367km^2（53.67万ha)。その半分にSolar Mobiwayを敷き詰めれば、発電量は年間169TWhとなり、日本の総電力需要の16.5％になる」（MI-RAI-LAB)。定格の発電出力ベースでは268GWpで、全国的に晴天であれば日中はこれだけで日本が必要な電力を賄えてしまう規模です。非常に大きな"隠し玉"といえそうです。

道路以外の上記の筆者の見積もりと合わせれば、太陽光発電システムの定格出力は計590G～718GWp、年間発電量は493T～709TWh。日本の電力量需要の5～7割を賄える可能性があるわけです。他にも"隠し玉"を発掘できる可能性は十分あり、その場合、発電量をさらに増やせることになります。

クルマが東京電力級の発電源に

隠し玉の最後の例は自動車です。トヨタ自動車は2017年、同社のエコカー「プリウスPHV」にオプションとして太陽電池を載せました。ただし、出力は最大180Wp。これでは太陽光で丸1日充電しても6.1km分しか走行できません。仮に日本の約8000万台のクルマがすべて太陽電池を搭載したすると14.4GWpになります。少なくはありませんが、ややインパクトに欠けます。

注2-4）この太陽電池を開発したのは富士電機。「F-WAVE」という名前で製品化された。現在は、事業部が外資に買収され、FWAVEという企業になっている。

トヨタ自動車は2019年にシャープと共同で、シャープの超高効率太陽電池を約864Wp分搭載したプリウスPHVを試作しました（**図2-10**）。このプリウスPHVは1日太陽光で充電すると、日照下なら最大56.3km走行できます。街乗りにはこれで十分かもしれません。仮に、日本の約8000万台のクルマすべ

(a)「Hanergy Solar R」
（太陽光モジュール総面積：4.2m²）

(b)「Hanergy Solar A」
（同最大7.5m²、太陽光で1日充電後の航続距離：最大80km）

(c)「Hanergy Solar O」
（同最大4.2m²、同50k～60km）

(d)「Hanergy Solar L」
（同6m²）

(e)「プリウスPHV」(同約2.8m²、同44.5km*1、走行中も日照がある場合は同56.3km*1)

セル変換効率：平均34.9%
モジュール効率：約30%
セル総枚数：1170枚
発電出力：最大864.1W
モジュール総重量：23kg

＊1 JC08モード電費換算値

図2-10　太陽光だけで乗用車が40k～80km走行可能に

中国Hanergy Mobile Energy Holding Groupが2016年7月に発表した、GaAs系太陽電池を実装した乗用車4種類（a～d）。(b) と (c) は太陽光パネルの一部が可動式で、停車時にはそれを伸長してパネルの総面積を増やせる。(b) は太陽光充電1日分で最大80km走行可能。(c) は、伸長時には太陽光パネルがフロントグラスをほぼ覆ってしまう。NEDO、シャープ、トヨタ自動車は2019年7月に、トヨタの「プリウスPHV」にシャープ製GaAs系太陽電池を実装して実証実験を開始した (e)。（写真：(a)～ (d) はHanergy、(e) の全景写真はシャープ）

てに載せると発電能力は計69.1GWp。これは東京電力管内の夏のピーク電力に匹敵します。

海外でも、太陽電池を張り付けたクルマが多数試作され、既に発売された「Lightyear One」(オランダ・ライトイヤー)のようなモデルもあります(納車は2021年)。太陽電池による充電で航続距離が最大75km延びるようです。

2050年に太陽光発電600GWp超は可能

これまでは導入可能量の議論をしてきましたが、実際には1年間に導入可能な量も考慮すべきです。これまで日本では、2012年7月のFIT開始から2019年末までの6年半で系統に連系された太陽光発電システムは交流出力で計約47GWp、太陽電池モジュールの出力(直流出力)ベースでは約63GWpに上ります。平均で7.2GWp(交流)/年というペースです。こうした流れを基に太陽光発電協会(JPEA)は日本における2050年時点の太陽光発電の累積導入量を200GWpと予測しています。

ただ、これはかなり慎重な予測といえます。この1～2年でFITの買い取り価格が大幅に下げられたため、JPEAは数年間、導入ペースがかなり鈍ると予測しましたが、実際には2019年度は前年度よりも導入量が増えました。発電コストは年々下がっていることから、FITからの巣立ちが既に始まっているようで、導入ペースは今後さらに加速する可能性があります。仮に、2025年以降、1.5倍になるとすると2050年には累積353GWp。2倍になるとすると同443GWp、3倍になるとすると623GWpとなります。この場合、年間発電量は523T～748TWhとなります。

前述のように、IRENAは、世界の太陽光発電システムの導入ペースが、2030年以降はそれまでの3倍になるとみていることから、623GWpという数字も決して実現不可能な数字ではないでしょう。

いきなり洋上風力発電大国に？

日本の電力需要量の4倍を賄える

再エネを支えるもう1つの柱が、風力発電です[注2-5]。日本では2012年以降、太陽光発電の導入量が急増しましたが、最近まで世界で再エネといえば風力発電のことだったのです。

風力発電は風車を設置する場所が陸上か海（洋上）かで大きく2種類に分かれます。2012年の環境省の導入可能量の見積もりは想定の違いによって数十倍と大きな幅がありますが、最大値をみると陸上風力発電が300GW、洋上風力発電が1610GW、計1910GWと、太陽光発電の同省見積もり量約149GWpを大幅

設置場所	風力発電の導入ポテンシャル		
地上	賦存量		1400GW
	導入可能量		60G～300GW
洋上	賦存量		7700GW
	導入可能量		61G～1610GW
		着床式	5G～310GW
		浮体式	56G～1300GW

表2-2　日本における風力発電の導入可能量（環境庁調べ）

注2-5）再エネにはバイオマス、つまり木の未利用間伐材や廃材、家畜の排せつ物、生活ごみなどを燃料とする発電方式もある。日本では既に約5GWが導入され、さらに数十GWが導入可能だと見積もられている。しかし、バイオマスは“工業化電力”とは言い難く、生産量を増やせば増やすほど単価が下がるという構造がない。他の再エネの出力変動を吸収するための、化石燃料の代替としては十分意味があるものの、本書では工業化電力を取り上げるので、バイオマスは範疇外です。詳細の紹介は他書に譲りたい。

に超えています（**表2-2**）。その場合の年間発電量は、日本風力発電協会（JWPA）の調査による平均的な設備稼働率24%に基づくと、4016TWh。日本の年間消費電力量の4倍です。

課題山積で導入進まず

これほどのポテンシャルがあるにもかかわらず、FITを始めてみると、導入量の増加は太陽光発電に極端に偏り、2011～2013年の風力発電の導入量は大きく落ち込みました（**図2-11**）。特に2013年の年間導入量はかつてのピーク時の1/10近くにまで減りました。

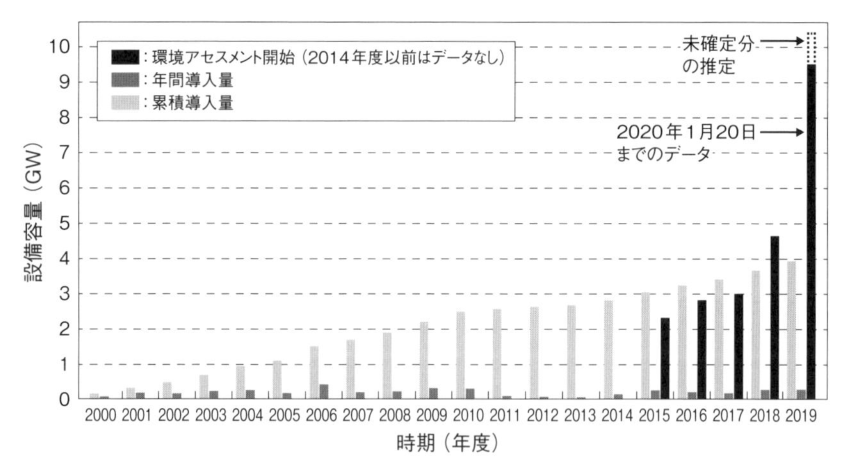

図2-11　風力発電は水面下で爆発的に増加

日本の風力発電における導入実績と、最近環境アセスメントを開始した設置計画の設備容量の推移。過去30年、最大で年間400MWしか増えなかったが、2015年度以降、導入前の手続きである環境アセスメントを始める事業者が急増。その各1年分がこれまでの累積導入量並み以上で、特に2019年度は10GWを超えているもようだ。（図：実績については日本風力発電協会、環境アセスメント開始分については資源エネルギー庁のデータを基に、本書が一部推定を交えて作成）

JWPAが2014年6月に発表した日本での風力発電の導入目標は、2020年に累計10.9GW以上、2030年に同36.2GW以上、2050年に75GW以上というものでした。一方、2019年末の風力発電の累積導入量は3.9GWで、仮にこのままの勢いが続くなら2020年末は同4.2GW弱と目標に遠く及びません。ただ、後述するように、もしかすると風力発電を強力に後押しする“強風”が吹いて、10.9GWの計画に迫る可能性はあるようです。

日本で風力発電の導入がこれまで思うように進まなかった理由は幾つもあります。(1) 低周波騒音、(2) 景観のき損、(3) 鳥、特にオオタカなど希少な猛禽類が衝突して死ぬバードストライク、(4) 運搬が困難、(5) 規制強化、(6) 台風への対処、(7) 洋上風力発電で一般海域を長期で占用することについての統一的なルールがない、(8) 同じく洋上風力発電で海運業や漁業など、海域の先行利用者との調整に関する枠組みが存在しない、(9) 送電線の容量がない、(10) 出力変動が非常に大きい、(11) 同時同量の縛りで発電できない、などです。

運べる道がない

これらのうち、あまり知られていないのが (4) の運搬問題です。日本の陸上で風況の良い場所の多くが山の尾根や頂上付近ですが、そこに至る道は細く曲がりくねっていたりトンネルがあったりで、多くの場合、航空機のような大きさの風車を運ぶのが困難です。最近の風力発電用風車はたとえブレード1枚でも長さ50～100mと巨大で、ヘリコプターで運ぶわけにもいきません。よく一般道路での運搬が話題になる新幹線の車両1台が長さ25m程度です。実際、導入計画が進んでいざ設置といった段階で、道を曲がり切れないことが分かり、計画が頓挫したというケースもあるようです。

大型風車がダメなら小型の風車を多数置けばよいのではと思う方がいるかもしれません。しかし、前述したように風力発電は風車の大型化で設置工事数を減らすことで発電コストを下げてきました。小型の風車ではコスト競争力がなく、事業者にとって導入のメリットがないのです。

計画しても導入まで5年

その他の課題の中で、2011～2013年に年間導入量が落ち込んだ大きな理由が（5）の規制強化です。2012年10月から、出力10kW以上の風力発電設備の導入に環境アセスメントが義務付けられたのです。発電事業者にとっては、1億円超の費用増に加えて、5年の長い時間がかかることを意味します。もっとも、環境アセスメントは、風力発電の導入に伴う（1）～（4）の課題を回避するためには必要でした。導入量は2014年からはやや持ち直していますが、2019年の導入量はJWPA調べで270MW（0.27GW）と、多いとはいえません。

桁違いの強風が吹き出した？

この停滞ムードは今に始まったわけではなく、日本で1990年に風力発電が始まった頃からずっと続いていたのです。ところが、水面下では状況ががらりと変わりつつあります。少なくとも2015年度以降、風力発電の大量導入を目指す事業者が桁違いに急増しているのです（図2-11）。

風力発電の環境アセスメントを始める事業者の事業計画における定格発電出力の合計が2015年度だけで2GW超になり、さらにそこからうなぎ上りに増えて2019年度は約10GWに増えました。JWPAによれば累計では、陸上風力が約14GW、洋上風力が約13GWの計27GWになっています。2019年1月以降、特に増えたのは洋上風力発電の計画で、実に計10GWを超えています。風力発電大国の英国が導入済みの洋上風力発電が2019年末で8GW弱であることと比較しても、その突出ぶりが分かります。

陸上風力発電も相当に増えてはいますが、2019年だけみれば、洋上風力が陸上風力の3倍超と圧倒しています。洋上風力は事業計画数の上ではまだ陸上風力に及ばないのですが、1カ所の風力発電ファームの規模が大きく、規模のランキングでは1.5GWを筆頭に8位までが洋上風力発電です。陸上はJR東日本エネルギー開発が北海道幌泉郡えりも町に計画する0.5GW

(500MW) 規模が最大です。

この大きな変化が2019年までの導入量に反映されていないのは、5年の環境アセスメントがまだ終わっていないからでしょう。ただ、早ければ2020年、遅くとも2022年には、これらの一部が実際の導入量として表舞台に出てくるはずです。

導入ルールの整備で超有望市場が誕生

風向きが大きく変わったのは、大きく2つの背景がありそうです。1つは、風力発電システムの導入コストが下がる一方で、日本では導入促進のために風力発電向けFITの買い取り価格が高く維持されていることです。海外で導入すれば10円/kWh前後でも事業が成り立つ一方、日本ではFITによって36円/kWhで電力を買い取ってくれる。この差額に注目する事業者がいてもおかしくありません。

もう1つは2018年11月に「海洋再生可能エネルギー発電設備の整備に係る海域の利用の促進に関する法律(再エネ海域利用法)」が国会で可決成立、2019年4月に施行されたことです。この結果、洋上風力発電を始める上で大きなボトルネックだった、(7) 一般海域を長期で占用することについての統一的なルールがない点と、(8) 海運業や漁業など、海域の先行利用者との調整に関する枠組みが存在しない点に光明が見えてきました。

再エネ海域利用法では（7）の解決策として、「促進区域」と呼ばれる指定海域で、入札によって選定された事業者は最大30年間、その海域を占用できるようになりました。(8）については、関係自治体や漁業団体などの利害関係者などで構成される「協議会」によって、先行利用者との話し合いの場が設けられることになりました。

この結果として、洋上風力発電が発電事業者にとって非常に有望な市場になったのです。洋上風力発電であれば、先に触れた風力発電の諸課題（1）～（9）のうち、(1）～（4）についてはほとんど問題がないか、あっても陸上風力発電に比べてはるかに解決しやすいといえます。陸上での運搬問題はなかなか解決困難ですが、洋上では船さえ大型化すればよいからです。

スーパーゼネコンが続々参入

海上での運搬業務にビジネスチャンスを嗅ぎつけた日本の企業も続々と出てきました（**図2-12**）。早い時期から洋上風力ビジネスに注目していた丸紅を筆頭に、鹿島建設、清水建設、大林組など日本のスーパーゼネコンと呼ばれる建設会社大手が軒並み、洋上風力発電の風車を運搬、設置するためのSEP船（Self-Elevating Platform：自己昇降式作業船）を買収、または自ら建造し始めました（**表2-3**）。その投資額は1000億円を大きく超えるもようです。清水建設は、洋上風力発電施設建設工

図2-12　SEP船は船の甲板が設置作業用昇降台になる
日本郵船が洋上風力発電システムの設置事業に参入するとともに協業したオランダVan Oord Offshore WindのSEP（Self-Elevated Platform）船と設置作業のイメージ。（図：日本郵船）

事業者	丸紅、商船三井	戸田建設、吉田組	五洋建設	大林組、東亜建設工業	五洋建設、鹿島建設など	清水建設	日本郵船、オランダVan Oord
竣工時期	2009～2015年（5隻）*1	2018年5月	2018年12月	2020年10月	2022年9月	2022年10月	2022年以前
クレーン能力	最大1500トン	クレーンは不使用（1万3500トンを積載可能）	800トン	800トン（1000トンまで拡張可能）	1600トン	2500トン	1000トン以上
出航1回における設置可能風車の規模	未公開	浮体式風車にも対応。規模は未公開	10MW級	9.5MW級×3基	10M～12MW級	8MW級×7基、または12MW級×3基（5日）など	未公開

*1　SEP船を保有していた英シージャックスインターナショナルを2012年に丸紅と産業革新機構が買収

表2-3　日本の商社・建築会社が所有、または建造中の洋上風力据え付け（SEP）船

事の市場規模を「(年間) 5兆円超の規模」とみています。

発電原価は7.6円/kWh？

仮に年間10GW規模の洋上風力発電システムの導入コストが5兆円だとして、設備稼働率30%、25年で償却、金利なし、保守管理費用なしという仮定で発電コストを逆算すると7.61円/kWhになります。これなら、金利や保守管理費用を加えても、洋上風力発電向けFITの2019年度の買い取り価格36円/kWh(税別) に対してかなりの利益が見込めるでしょう。2021年度以降、FITは事実上終了ですが、規模の拡大やSEP船事業者間の競争によって導入コストがもう少し下がれば、FITがなくても日本の化石燃料による火力発電の発電コストに対してコスト競争力を持ちそうです。

こうした背景から、今後の日本の風力発電は、洋上風力発電を軸に、年間10GW前後のシステムが毎年導入される動きが具体化してきました。後述の送電線問題や同時同量則の縛りがなければ、2030年に累計100GW、2050年に同300GWを超えてくる可能性さえありそうです。その場合の年間発電量は、設備利用率を25%と低めに見積もっても現在の日本の年間消費電力の7割弱に相当する657TWhとなる計算です。

送電線問題と同時同量則が最後の壁

2050年に再エネだけで電力需要を供給？

これまで見てきたように、日本における太陽光発電と風力発電は共に年間数G～10GWの規模で市場が離陸、または離陸見込みで、一見、前途洋々に見えます。楽観的なシナリオでは、2050年には、太陽光発電が現在の日本の年間消費電力量の約5～7割、風力発電が同7割弱を発電する可能性があります。つまり両発電を合わせると日本が必要とする電力をすべて賄え、しかもおつりが来るのです。

現状では絵に描いた餅

しかし、残念ながら電力系統が現状のままでは、それはやはり夢物語に終わります。電気代1/10を妨げている2大理由の1つ、つまり第1章で述べた同時同量則による発電出力の上限と、それに加えてインフラ上の課題である送電線の容量問題の2つがすぐそこに立ちはだかっているからです。

同時同量則をおさらいすると、電気の需要と供給が瞬間瞬間に高い精度で一致していなければならないというルールです。それが守られなければ、停電や発電施設の破損など深刻なトラブルを招きます。

このため、発電量は電気の需要量に厳密に一致させねばなりません。2000年代後半に、電力事業の法制度上の自由化が大きく進みました。ガス会社や商社、ベンチャーなどさまざまな異業種が電力サービス事業に参入しました。しかし、事業者数がいくら増えたところで、発電量の総量はほとんど変わりません。今までの電力自由化は、決まった大きさのパイを多数の事業者が奪い合うゼロサムゲームを激化させるだけに終わる可能性が高いのです。市場を大きく成長させたり、価格を大幅に低下させたりする原動力である生産の自由、つまり発電の自由が実現しない限り、電力市場の発展は望めません。

電力需要の8割が受け入れ限界

このままでは再エネの導入限界が遠くない将来、具体的には2030年前後にやって来ます。

日本では、大量の再エネが電力系統に導入され、発電を始めると、中央給電指令所は同時同量を守るために火力発電の出力を抑制します。晴れていた天気が急に曇りになって、太陽光発電の出力が下がると火力発電、または揚水発電の出力を高めて、全体の供給電力が下がらないようにします。こうして、再エネの最大出力が高すぎない間は、火力発電や揚水発電の“調整”

によって同時同量を守ることができます。

ところが、再エネの出力が電力需要に迫る高さになると、事情が変わってきます。

火力発電は最大出力に近い出力での運転が最も発電効率が良く、そこから出力を下げると効率も下がってしまいます。そして、出力を下げすぎると運転が不安定になるので、出力の“下げ代”には限界があります。それ以下にするには完全に停止させるほかありません。すると、再び安定稼働させるのに数時間かかってしまいます。一方、太陽光発電などの再エネの出力は数秒単位で変動するので、同時同量の破綻は必至です。

そうした理由から、電力会社の多くは電力系統網に連系させる再エネの出力合計に上限を設けています。受け入れ可能な再エネの出力は最も電力需要が低い日のおよそ8割程度で、それを超える新規の再エネは連系できないのです。

春秋は2日に1回以上出力抑制

2018年秋にその上限にほぼ達したのが九州電力です。九州は再エネの適地で、2018年5月には太陽光発電の設備容量が連系分だけで九州電力の上限である8.17GWpに迫り、風力発電も接続申し込み数は上限の1.8GWを超えているといった状況になりました（**図2-13**）。

加えて、その上限は電力需要によって変動します。特に春や秋は電力需要が減りますが、晴天率が高く気温が比較的低いために太陽光発電の発電出力と発電量は高まります。この結果、既に連系させた太陽光発電であっても、出力の上限を超えてしまうことがあり得ます。すると、太陽光発電について出力抑制をせざるを得なくなってしまいます。

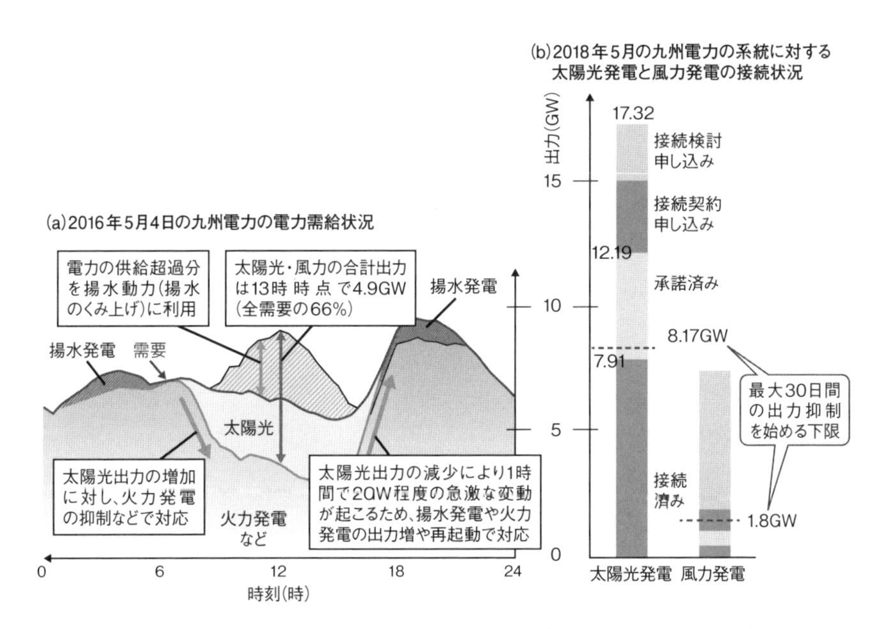

図2-13　太陽光発電と風力発電だけで系統の電力需要をはるかに超える可能性

九州電力の電力系統では、春と秋の連休中かつ晴天時の日中に、電力需要が落ち込む一方で再エネ、特に太陽光発電の出力が高まり、制御可能な枠を超えつつある。現状では火力発電の出力を限界まで落とし、さらに揚水をくみ上げることで需要超過分を吸収している。太陽光以外も含む再エネ全体は接続済み分で11.4GW、接続検討申し込みまで含めると31.8GWに達している。（図：(a)は九州電力）

実際、九州電力は2018年10月13日に日本で初めて太陽光発電の出力抑制に踏み切りました。同社は2019年10月までの1年間に計56回もの出力抑制を実施。特に2019年3～4月は実に6割超の日で太陽光発電を一部止めたのです。

同時同量の壁は128GW前後か

九州電力に続きそうなのが、中国電力と東北電力、そして四国電力です。3社は2020年中に出力抑制を始める可能性が高いもようです。一方、東京電力、中部電力、関西電力の3社はまだ余裕があるようです。

それでも、日本の電力系統全体における最近の最大出力は約160GWで、再エネの導入量がその8割、つまり128GWを超えてくることがあれば、ほとんどの地域で連系拒否や出力抑制が免れません（**図2-14**）。電力系統が現状のままでは、上述の太陽発電と風力発電の合計で2050年に900GW超という再エネの大量導入は不可能なのです。再エネは現時点で60GW超が導入されているため、残りの導入余地も60GW超となります。現在の導入ペースであれば2030年前後、早ければ2025年にも限界に届いてしまいます。

128GW止まりの場合、年間発電量も日本の電力需要の2割弱にとどまり、電力料金を大きく下げるような効果はほとんど見

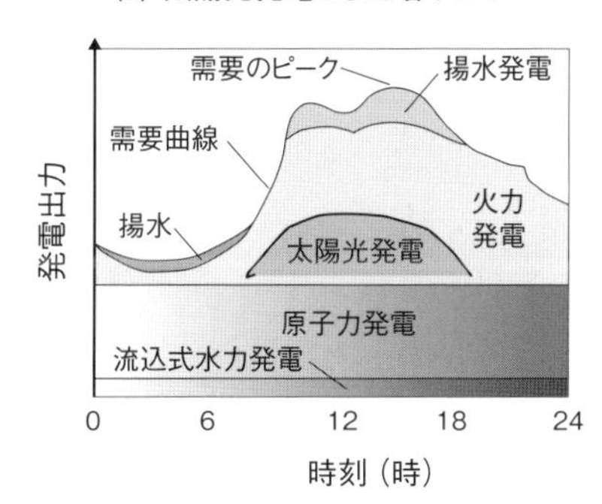

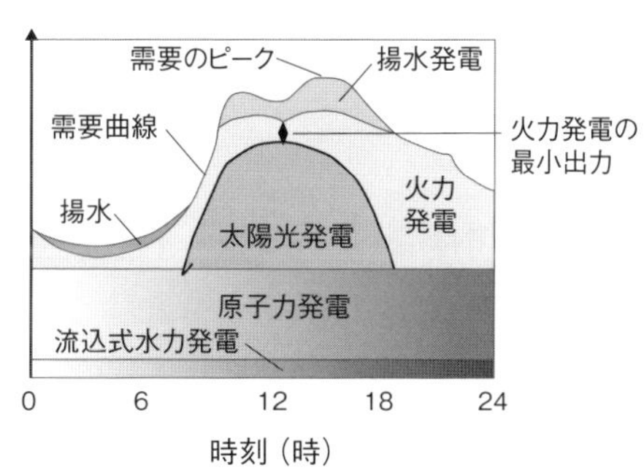

図2-14　太陽光発電の最大導入量は128GWか

蓄電システムが十分でない場合、同時同量を守るために連系可能な太陽光発電は、火力発電の設備容量の8割程度が限界となる。日本全国の電力系統の最大需要（出力ベース）が約160GWであるため、その8割である128GW前後が導入の上限になる。出力を下げることができない原子力発電が稼働していると、上限はさらに低下する。（図：資源エネルギー庁の図を基に本書が作成）

込めないでしょう。

この同時同量則の鎖を断ち切るには大量の蓄電システムを導入して、電気を貯められるようにするしかありません。これについては、第3章で詳説します。

送電線容量はルール変更で２倍に

利用率2%でも「空き容量ゼロ」

再エネ大量導入の障壁はまだあります。送電線の容量問題です。地域によっては、同時同量則による導入量の上限問題が顕在化する前に、この送電線の容量問題で再エネの導入が止まりつつあります。

送電線の容量問題は文字通り、送電線の容量がひっ迫しており､再エネの電力を大量に送ることができないという課題です。実際、電力会社の多くが、空き容量がない送電線の割合が多いと主張しています。特に､東北電力は送電線のうち67.6%が「空き容量ゼロ」だと言います。

この空き容量については2017年に「まだまだ空いている」「いやまったく空いていない」という論争がありました。「大幅に空いている」と指摘したのはエネルギー戦略研究所 取締役研究部長で、京都大学大学院 経済学研究科 特任教授の安田陽氏です。安田氏は、電力会社が「空き容量ゼロ」とする主要送電線でも、送電線の利用率が年間で2%、最大利用率でも8.5%しか使っていない「十和田幹線」のような送電線があると指摘しました。安田氏は、上述の67.6%という東北電力の空き容量ゼ

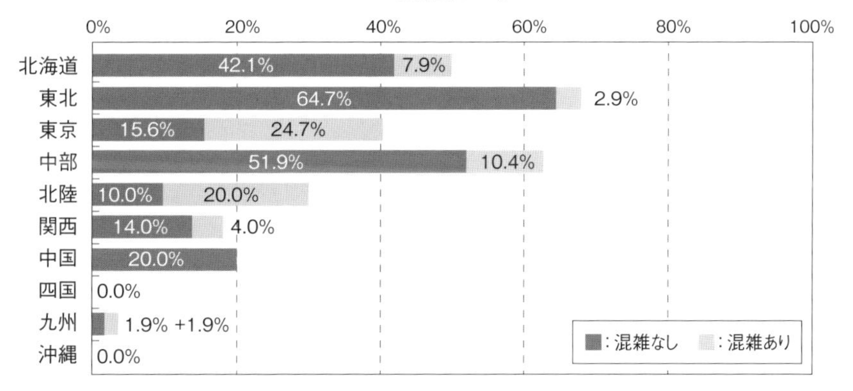

図2-15　ガラガラなのに空き容量ゼロ？
京都大学 特任教授の安田陽氏調べによる電力会社10社の送電線幹線の空き容量ゼロ率と実際に混雑している送電線の割合。（図：安田陽、「送電線空容量問題と電力取引」）

ロ率も、実際にはその95.7%が容量上混雑していないとも指摘しています（**図2-15**）。

これに対する東北電力の反論は、空いているように見える送電容量は、（a）将来の原発や火力発電向けに予約された送電容量、（b）同時同量を守るための緊急時用の送電容量、の2種類に大別され、いずれも再エネに使える容量ではないというものでした。資源エネルギー庁によれば（b）の緊急時向け容量は、（a）の予約容量を含まない形で送電容量の50%になるといいます（**図2-16**）。

これに加えて、他の電力会社には、季節などによって変動する電力需要のうち、わずかな期間しか出ない最大需要量を確保

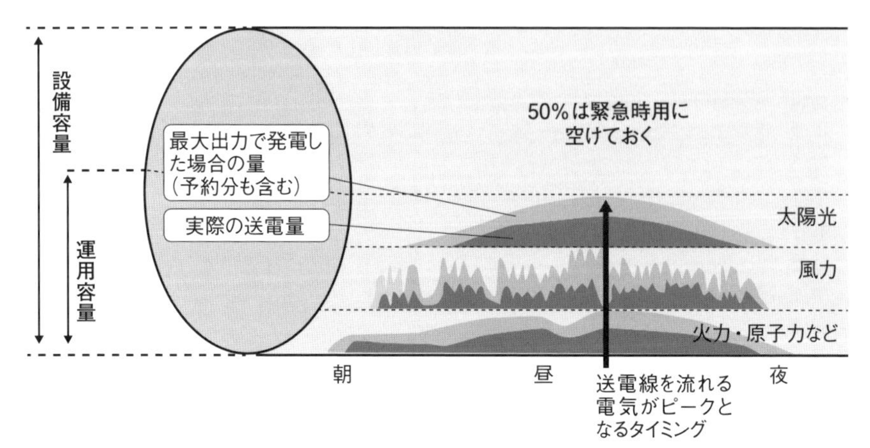

図2-16　利用効率無視のルールでは空き容量ゼロ
資源エネルギー庁による送電線容量の割り当てについての説明。送電容量のうち、50%は同時同量を守るために緊急用として空けておくことになっている。また、各電力源は1年のうち最大出力分で容量を予約するため、実際に使われていなくても新規割り当てには使えない。（図：資源エネルギー庁）

するために、大半の時間の利用率が低くなっているということを明らかにしたところもあります。

結局、これらの電力会社側の言い分は、従来の運用ルールと定義に沿った運用では確かに空き容量はゼロで、再エネを恣意的に排除しているものではない、というもの。確かに、それ自体にうそはないのです。

“道路”の半分が緊急車両専用？

ただ、これは典型的な計画経済的、コスト意識ゼロの社会主義的な発想で、極めて非効率なのは否めません。例えば、(a)

は客で混雑している人気レストランで、いつ来るか分からない客のためのテーブルが予約席になったままになっているようなものです。一方、(b) は幹線道路の車線の半数をまれにしか通らない消防車や救急車など緊急車両専用にして、一般の車両が入れないようにするのに似ています。限られた設備の利用効率をできる限り高めて使うという資本主義の発想とは相いれません。

京都大学の安田氏は (b) には季節の気温の変動も関係していると指摘します。送電の最大容量は実は発熱の許容量と関係しているのですが、日本では地域ごとの平均気温でそれを決めているというのです。ところが、この熱容量は夏と冬では2倍ぐらい変わります。緊急用といいながら、実は熱容量の季節変動を見込んで当初から2倍の容量を確保している可能性が高いのです。

欧州では上述のように、IoT技術を利用して送電線の温度をリアルタイムに把握し、それによって実際に流す電流量の上限を決める制御を始めています。

通信の世界なら"黒電話"並み

筆者が記者になって最初に取材した通信の世界も、1985年の通信自由化、そして1990年代のインターネットが始まるまでは現在の電力系統に似た状況でした。それまでの黒電話に代表される「回線交換方式」による通信技術は、電話している2人の間で会話がほとんどなくても、つないでいる間は回線を占用する技術でした。仮に東京と大阪の長距離電話であれば、東京・大阪間の高速道路を通話の間ずっと貸し切りで使っているイメージで、回線の実質的な利用率は極めて低かったのです。

一方、インターネットは「統計多重方式」とも呼ばれる、複数の利用者のデータを1本の伝送路に混ぜこぜにして送る技術に基づいて構築されています。これは、さまざまな行き先の車両が多数走る実際の高速道路に似ており、利用効率が高いのです。その利用効率の高さが通信技術の技術革新と相まって、通信料金の大幅低減と通信容量の大幅拡大をもたらしました。

日本の電力系統はいまだに黒電話の世界に生きているようです。一方、欧州では同時同量の制約の中でも通信技術を駆使して利用効率を最大限に高めようとしている様子がうかがえます。

「電力自由化」が変革を後押し

ただし2017年の空き容量論争があったことで、電力業界でも最近は統計多重の考え方に似た「コネクト＆マネージ（C＆M）」という考え方が少しずつ取り入れられつつあります。これは、英国が2010年に導入した考え方で、送電線の容量のうち使われていない容量は再エネに柔軟に割り当てる一方で、緊急時などは優先順位を付けて送電を受け入れるなどの運用技術やルール上の工夫によって、送電容量の最大化を図るやり方です。平時は、道路全面に一般車両が走っていても、緊急車両が来れば道を空ける現在の交通ルールに近く、いわば当たり前の運用なのですが、日本の電力系統では利用効率を高めるという発想自体がなく、その当たり前ができていませんでした。

2020年4月に始まった「発送電分離」策による送配電会社の電力会社からの独立施策も、送電線容量の利用率向上を促す上で役に立ちそうです。利用率向上が、利益の拡大に直結するからです。

自由化でも容量が足りない

もっとも、筆者はこうした利用効率の向上だけでは送電容量がまったく足りないと考えています。前述したように再エネを大量導入していけば、既存の電源も含めた発電可能量（Wh）は2050年ごろには現在のおよそ2倍になり得ます。ところが、それをピーク時の出力（Wp）でみると2倍どころではありません。全国的に晴天で太陽光発電がフルに稼働し、風も強い日の再エネの出力合計は最大14TW、つまり現在の日本の系統電力網の最大出力の8.8倍にもなる計算です。しかも再エネ、特に風力発電の資源量は地域的に大きな偏りがあり、資源量が多い地域から少ない地域への送電出力はさらに高まります。

そこで終わりではなく、2100年に向けては再エネによる発電が発電量で現在の電力需要量の5倍以上、出力ベースでは10倍以上になることも想定しなければならないのです。送電容量はこのピーク時の出力を基に考える必要があります。

これだけの送電容量の大幅増は、利用率の効率化だけでは対応できません。ならば送電線を増強すればよいかというと、それも難しいと考えています。というのは、送電線の増強工事には極めて多額の費用と10年単位の時間がかかるからです。例えば、鉄塔を使う高圧電線（特別高圧設備）の工事費は安くても1km当たり8000万円、高い場合は同9億1000万円かかります[2-5]。

それが仮に1000km長×10本必要だとすると、総額では9兆1000億円。電力事業の規模からすると高すぎる額ではありませんが、現在のように再エネの発電事業者だけがその工事費を負担するルールでは大きなハードルになります。

工事に時間がかかることも大きな課題です。再エネは他の発電システムに比べて極めて短期間で大容量設備を導入できる技術で、日本でも50G～100GWが10年で導入される勢いです。しかも、発電量が増えて電力料金が安くなれば消費電力量も大幅に増えると考えられます。その増加のペースに送電線の増強がとても間に合わないのです。

この送電線問題について筆者が考える解決策は「水素」です。電力を水素に変換してしまえば、発電した電力を物質として長期間貯蔵できるほか、車両や船舶でその“電力”を運搬可能になり、送電線増強の必要性を緩和できます。これについては第4章で詳説します。

参考文献

2-1）Swanson, R.M., "A Vision for Crystalline Silicon Photovoltaics, "*Prog. Photovolt: Res. Appl.*, vol.14, pp.443-453, 2006.

2-2）Liu, Z. et al,"Revisiting thin silicon for photovoltaics: a technoeconomic perspective, "*Energy & Environmental Science*, Oct. 25, 2019.

2-3）NEDO 技術戦略研究センター（TSC）、『TSC Foresight』、vol.27、2018年7月13日.

2-4）IRENA編、"Global energy transformation：A roadmap to 2050（2019 edition）, https://www.irena.org/publications, 2019.

2-5）電力広域的運営推進機構関、「送変電設備の標準的な単価の公表について」、2016年3月29日.

第3章

蓄電池編

電力を貯められる時代に

——“電力の東側陣営”から脱却へ——

蓄電池で同時同量則の鎖を断ち切る

真の電力自由化の条件に

電気料金1/10の実現を妨げている大きな要因である同時同量則の鎖を断ち切る切り札になるのが、電力系統への蓄電システムの大量導入です。

第2章で触れたように、電力系統の大規模蓄電システムなしでは、日本における再生可能エネルギーは累計128GW前後を超える設備容量を電力系統に連系できない可能性が高いのです。これでは電気料金の低減効果はほとんどなく、ましてや日本全体の消費電力量を再エネだけで賄うことは望めません。

逆に、蓄電システムの大量導入が実現すれば「電気は貯められない」というこれまでの常識が破れ、同時同量の縛り、つまり電力供給と電力需要を一致させる縛りが消えます（**図3-1**）。すると、電力の計画経済が不要になり、初めて本当の意味での「発電の自由」が生まれ、事業者間のゼロサムゲームが終わります。すると、工業製品としての“電力”の大量生産に拍車がかかり、電気料金が目に見えて下がり始めます。

その結果、「電力消費の自由」も同時に発生します。これま

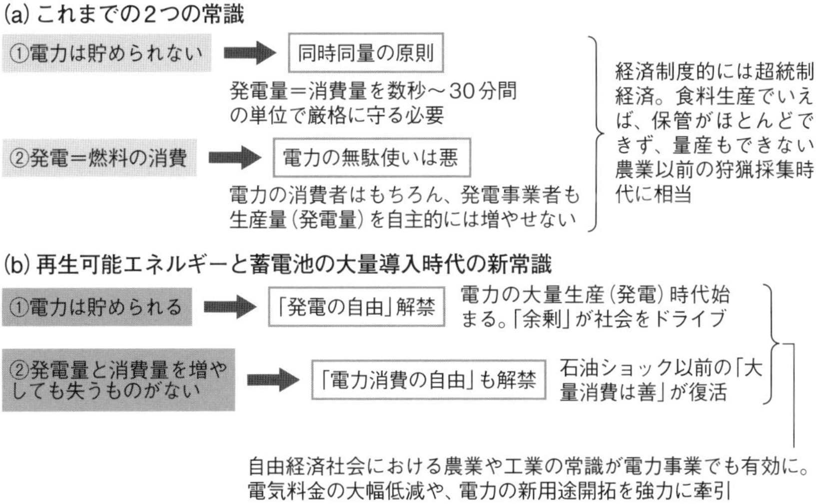

(a) これまでの2つの常識

①電力は貯められない → 同時同量の原則
発電量＝消費量を数秒～30分間の単位で厳格に守る必要

②発電＝燃料の消費 → 電力の無駄使いは悪
電力の消費者はもちろん、発電事業者も生産量（発電量）を自主的には増やせない

経済制度的には超統制経済。食料生産でいえば、保管がほとんどできず、量産もできない農業以前の狩猟採集時代に相当

(b) 再生可能エネルギーと蓄電池の大量導入時代の新常識

①電力は貯められる → 「発電の自由」解禁
電力の大量生産（発電）時代始まる。「余剰」が社会をドライブ

②発電量と消費量を増やしても失うものがない → 「電力消費の自由」も解禁
石油ショック以前の「大量消費は善」が復活

自由経済社会における農業や工業の常識が電力事業でも有効に。電気料金の大幅低減や、電力の新用途開拓を強力に牽引

図3-1　蓄電池が電力の“大量生産”を可能に
これまでの電力事業には、その時使う分しか生産（発電）してはいけない「同時同量の原則」という技術的な制約があった。そして発掘してきた燃料は発電すると失われてしまう。人類の歴史でいえば“狩猟採集の時代”に近い、原始的なビジネスモデルだった。再生可能エネルギーと蓄電池の大量導入時代が訪れると、これまでのそうした常識が意味を失う。自由社会の農業や工業で起こってきた、直近の消費量を超える大量生産が大幅な低コスト化やさまざまな社会の変化を牽引する動きが、電力の世界でようやく始まりそうだ。

では、電力消費＝有限の資源である燃料の消費だったため、「電力消費は悪」だったのです。ところが、電力の多くが再エネ起源になれば、そうした価値観は意味を失います。すると電気料金の低下も手伝って、電力需要が喚起され電力消費量が大幅に拡大します。これでようやく正の循環が本格的に回りだします。

通信の世界では、事業者間競争の自由化に加えて、インターネットが台頭したことで大きく飛躍し、通信速度が1万倍前後になりました。電力系統も飛躍のためには、制度上の電力自由化だけでは足りず、蓄電システムで同時同量の縛りをなくす必要があるのです。

これまでの同時同量則の壁が壊れれば、あたかも1989年にベルリンの壁が崩壊し、東側陣営だった諸国・地域が西側陣営に加わったかのような大きな変化が電力系統と電力市場に起こるでしょう（**図3-2**）。

ただし変化のスピード自体はベルリンの壁崩壊ほど劇的なものではないでしょう。蓄電システムの大量導入には、再エネの大量導入と同様に10年単位の時間がかかるからです。

通信の世界

ブロードバンド以前（例えば約20年前）

▶電話は黒電話　▶帯域は300～9.6kビット/秒
▶料金は従量制　▶通信の用途は限定的

帯域は1000～数万倍に

ブロードバンド以後

▶電話はスマートフォンに
▶帯域は数十M～数Gビット/秒
▶料金は定額制がほとんど（データ単価は大幅低下）
▶多種多様なビジネスが次々に登場

電力の世界

蓄電池普及以前（石油ショック～現在）

▶省エネ、効率向上が美徳　▶電気料金は従量制
▶電気料金の安い国に工場やビジネスが逃げる

電気料金が1/10以下になる可能性

電力版ブロードバンド時代（現在～）

▶電気料金は格安かつ定額制に
▶電力が格安で使えて初めて成り立つ新ビジネスが次々に開花

図3-2　電力版ブロードバンドの時代が到来へ

蓄電池が電力事業の常識を変える「バッテリーシンギュラリティー」の先にあるのは、大幅な電気料金の低下と、それがもたらす定額制料金の導入だろう。そして、さまざまな新ビジネスが開花していく。

蓄電技術は時間尺ですみ分け

これまでは、蓄電システムが電力系統に大量導入されたらどうなるか、を紹介しました。ただ、そもそも蓄電システムの大量導入はコスト面、技術面から考えてどこまで必要で、またどこまで現実性があるのでしょうか。再エネは確かに大きくコストダウンしてきましたが、蓄電システムと合わせるとどこまで既存の電力源に対して競争力を持つかも検証しなくてはなりません。

電力系統における蓄電システムの役割を一言でいうと電力の需給バランスを取る（平準化する）ことです。平準化には電力の発電量と消費量のズレを蓄電で吸収または放電で埋めることで、電力系統が破綻しないようにする役割があります。

具体的な対策は需給のずれの凹凸の時間尺の長さによってブリのように名前が変わります。具体的には、(1) 数秒から数十分と短時間の需給バランスのズレを解消する「しわ取り」、(2) 1日のうちで、電力需要が発電出力を超える時間帯に電力を放電し、逆に発電出力が余り気味の時間帯に蓄電する「ピークシフト」、(3) 翌日や翌週、あるいはさらにそれ以降の電力不足のために余剰電力を蓄電して貯蔵する「電力貯蔵」、などです。

現状、(1) は中小規模の火力発電と揚水発電が担当しています。(2) のピークシフトは、東日本大震災が起こった2011年までは揚水発電と原子力発電が担っていました。主に夏の正午前後など、電力需要のピーク時に揚水発電の水を放水して発電し、夜間などに原発の余剰電力で水を汲み上げて（揚水して）おくのです。

電気代低減に貢献

ピークシフトは現在の電力系統でも重要です。電力需要の変動が火力発電や原発の設備稼働率、そして電気料金に直結するからです。例えば、電力需要のピークが正午前後の2時間だったとします。その時間だけ追加の火力発電プラントを建設して稼働させると、他の時間は余剰になるので停止させねばなりません。するとそのプラントの設備稼働率は、2/24＝8.3％と非常に低い値になります。耐久性が他と同じだとすると、このプラントの稼働コストは、ほぼ24時間一定出力で稼働する他のプラントに比べて12倍も割高になってしまいます。結果として高い電気料金につながります。プラントの建設コストが高い原発ならなおさらで、それが原発で負荷追従運転をあえてしない理由の1つになっています（pp.130-131の「太陽光発電は原発と同じ夢を見るか？」も参照）。蓄電システムを利用したピークシフトによって、発電プラントの設備稼働率低下を防げれば、電気料金を下げることができるのです。

ちなみにもう1つの電力需要の平準化手法である「ピークカット」は電力需要のピーク時に需要自体を抑えることを指し、蓄電システムとの直接の関連はありません。ただし、太陽光発電には晴天時の正午前後が最も発電出力が高まる特性があるため、真夏の電力需要のピークを実質的にカットする効果があります。それが、東日本大震災があった2011年の翌年以降、原発の大部分が止まっていても真夏に電力不足にならなかった理由の1つだったと考えられます。

同時同量の鎖から自由に

(1)～(3)の電力平準化は、再エネの導入量に応じて(1)から(3)の順に必要性を増します。

再エネの導入量がわずかであるうちは、(1)のしわ取りができれば十分で、それに必要な蓄電システムの規模も小さくて済みます(**図3-3**)。再エネが今後も増え続ければ、近い将来に電力供給の出力変動が"しわ"または"さざ波"から"波"へと大きくなり、しわ取りだけでは平準化が難しくなります。特に太陽光発電が大量導入されれば、昼間の発電量が大幅に増える一方で、夜間の発電量はゼロのままですから昼夜の発電量のアンバランスが目立ち始めます。さらに、太陽光発電は日中でも急な天候悪化などで発電量が大きく変わります。これらのアンバランスを緩和するために、大量の蓄電システムを用いた(2)のピー

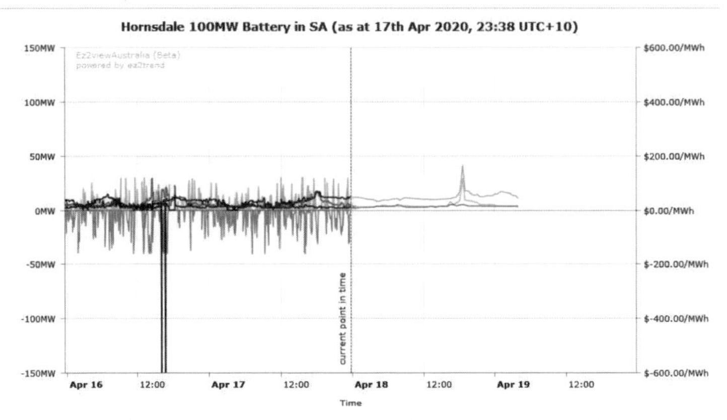

図3-3　風力発電ファームの「しわ」を蓄電池で除去

オーストラリアのホーンズデール（Hornsdale）に導入された風力発電（315MW）＋蓄電システム（129MWh/100MW）における細かな出力変動を平準化する「しわ取り」の様子。上に出た線が電池の放電、下に出た線が電池の充電（左軸）。黒の実線が電力の価格（右軸）。2020年4月16日午後に2度、マイナスの値付けになっている。フランスの再エネ発電事業者ネオエン（Neoen）がWebサイト（https://hornsdalepowerreserve.com.au/）でリアルタイムで公開している。

クシフトが必要になります。ただし、そのピークシフトは原発の多くが稼働していたときとは逆に、昼間の発電超過分を夜間に回したり、曇天や雨天時に回したりする制御になります。

これが実現すれば、それまで電力系統を縛っていた同時同量のルールは意味を失います。正確には、電力系統上の同時同量則は守られたままですが、電力の需給のアンバランスは蓄電システムがほぼリアルタイムに吸収するため、発電事業者や電力の需要家の自由を縛るルールではなくなります。

季節間のアンバランスも平準化

さらに太陽光発電の導入が進めば、季節間の発電量の違いの影響も大きくなります。5月に晴天が続いた後、6月に梅雨が始まると1カ月前後も雨天や曇天で発電量が大きく減る場合に、蓄電システムで5月の余剰発電分を貯蔵して6月に回すことができれば、火力発電などの負荷が大きく緩和されます。これが、(3) の電力貯蔵です。1年を通してみると、春～秋の発電量が多い一方で、冬の発電量が相対的に少なくなる季節感のアンバランスも出てきます。この緩和には、より長期間電力を貯蔵する蓄電システムが必要になります。

(3) はこれまで、日本ではほとんど実施されたことがありません。それを実現するインフラがなかったからです。強いていえば、夜間の電力で大量の氷を作り、昼間の冷房などに使う氷蓄熱システムはその一種といえそうです。今後、再エネを大量導入し続けるにはより大規模な電力貯蔵システムが必要になります。それについては第4章で具体的に説明します。

ちなみに風力発電は、日本では夜間や荒天時、そして冬季に出力が高まる特性があるため、晴天時の昼間、春～秋に出力が高まる太陽光発電と、1日のうちでも、そして日付や季節を越えてもうまく補完し合う関係になりそうです。ただ、それで蓄電システムが不要になるというわけにはいかないでしょう。

リチウムイオン2次電池を大量導入へ

電力の平準化策として開発

一口に蓄電システムといっても、実は多くの種類があります。日常使っている小さな電池も蓄電システムの一種です。ただ、本書のテーマである電力系統向け蓄電システムではあまり小容量のものは使いません。ある程度以上に容量を大きくできる蓄電システムを歴史の長い技術から順に挙げると（1）フライホイール、（2）揚水発電、（3）圧縮空気、（4）水電解装置と水素ベースの燃料電池、（5）リチウムイオン2次電池、（6）レドックスフロー電池、の5種類になります。

これらの詳細な比較は第4章で紹介します。ここでは応答が速くてしわ取りや1日以内のピークシフトに向いた蓄電システムとして、急速にシステムが大型化し、市場も拡大しつつあるリチウムイオン2次電池が果たす役割を取り上げます。

リチウムイオン2次電池は当初、携帯電話機やデジタルカメラなどの小型端末から市場が立ち上がりました。現在では、ほとんどのスマートフォンがリチウムイオン2次電池を用いています。さらには、最近の電気自動車（EV）の多くにもリチウムイオン2次電池が使われています。このリチウムイオン2次電池によって、人々の生活が大きく変わりつつあるのです。そしてその功績が評価され、この電池の開発者3人が2019年のノーベル化学賞に輝いたのは記憶に新しい出来事だと思います（**図3-4**）。

リチウムイオン2次電池の市場が立ち上がったのは上述のように小さな端末向けからでしたが、もともとはEVへの利用と電力系統の平準化のための大型電池を目指して開発が始められました。この電池の開発でノーベル化学賞を受賞した3人のうち、マイケル・スタンリー・ウィッティンガム氏は、1972年に石油メジャーの英エクソンモービルの研究所に就職。石油ショック前夜で“次の飯のタネ”の開発に焦るエクソンモービルは、石油への依存を少しでも減らすピークシフト技術の開発を目的にウィッティンガム氏の研究に資金をつぎ込みました。そこで開発されたのが、現在のリチウムイオン2次電池の原型となる電池だったのです。

写真：米Clarkson University

写真：University of Texas, Austin

写真：日経エレクトロニクス

図3-4　2019年ノーベル化学賞受賞の3人
左からMichael Stanley Whittingham氏、John Goodenough氏、吉野彰氏。

ウィッティンガム氏らのノーベル化学賞の受賞理由も、同電池が「スマートフォンやノートパソコンなどの無線通信端末を実現したこと、そしてEVへの電力供給や再生可能エネルギーを蓄電することで化石燃料によらない社会の礎を築いたこと」です。リチウムイオン2次電池の今後の大きな役割として、EV向け電池や再エネの電力の蓄電などが期待されているのです。

市場は2025年に米国で年0.8兆円規模

リチウムイオン2次電池を電力系統に導入する動きも日本を含む世界各地で既に始まっています。特に積極的なのが、米国、オーストラリア。そして中国が続きます。

米国エネルギー省（DOE）エネルギー情報局（EIA）は2019年10月、2018年末までに出力で計862MW、蓄電容量で1236MWhの蓄電システムが米国の電力系統に導入されていると発表しました。その90％以上がリチウムイオン2次電池を用いたシステムです。

米国で急に増え始めたのは2012年ごろ。2015年以降は導入にさらにはずみがつき、2018年には出力で200MW超、蓄電容量で約500MWhのシステムが導入されました。EIAは、2023年末までに電力系統に導入された蓄電システムの出力が累計2.5GW（2500MW）を超えると予測しています。業界団体の米エネルギー貯蔵協会（Energy Storage Association：ESA）は2020年3月に、住宅やビル向け蓄電池市場と合わせれば、2025年には市場規模が72億米ドル/年（約7800億円/年）になるという予測を発表しました。同年に年間の導入出力合計が9.2GW、累計では36GW（蓄電容量累計ではおよそ106GWh）になるとみています[3-1)]。この予測についてESAのキャッチフレーズは「35×25（2025年までに累計35GW）」です。

世界市場では、矢野経済研究所が2025年に蓄電容量ベースで年間69.892GWhの出荷量になると予測しています（**図3-5**）。EVなど車載向け電池市場が「2020年に200GWhを超える」（同社）という見通しと比べるとまだ少ないですが、増加の勢いは車載向け電池市場を上回っています。

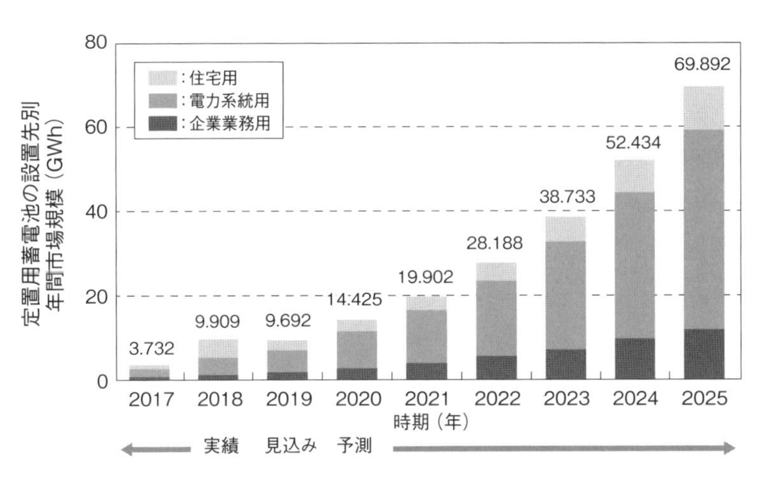

図3-5　2025年には世界で69.892GWhの蓄電池が導入へ
矢野経済研究所が2019年に発表した世界における蓄電池市場（容量ベース）の推移。

これだけ導入量が増え始めた理由の1つは、米国の幾つかの州政府が、ピークシフトによって電力料金を下げるなどの目的で、電力会社に再エネの導入と合わせて蓄電システムの新たな導入を義務付けようとしているからです。具体的には、カリフォルニア州、マサチューセッツ州、ニュージャージー州、ニューヨーク州、オレゴン州、テキサス州などです。

このうちマサチューセッツ州は、それまでの再エネ導入促進策「Renewable Portfolio Standard（RPS）」に替えて、新たな「Clean Peak Energy Standard（CPS）」を制定しつつあります。このCPSでは、同州で2030年までに2.75GWの蓄電システムを導入することを打ち出しています（**図3-6**）。これは、その時点での同州の推定ピーク電力の22％に相当します。

導入規模が最も大きいのがカリフォルニア州で2020年2月、2030年末までに累計約12.1GWの蓄電池を電力系統に導入する目標を発表しました（**図3-7**）。ちなみに太陽光発電は2030年末時点で約46GW、風力発電は10.3GW（他州からの調達分は含まず）の導入を目指しています。

カリフォルニア州の経済規模（州内総生産）は日本のGDP（国内総生産）の半分超と大きいため、再エネや蓄電システム導入の取り組みは、日本にとって大いに参考になるはずです。

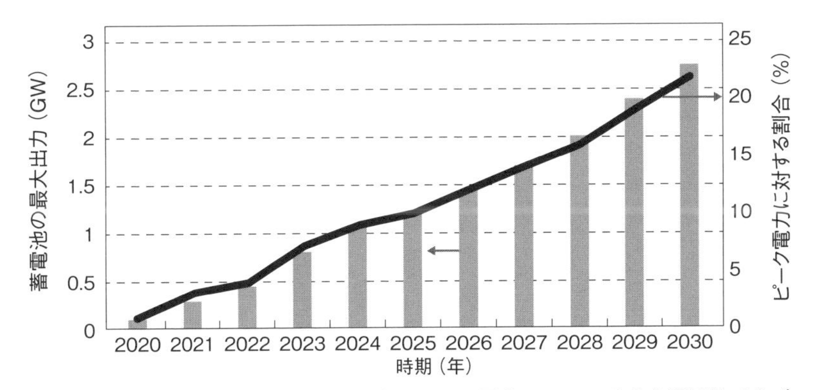

図3-6　米国マサシューセッツ州は2030年にピーク電力の22%の出力を蓄電池でカバーへ

(図：マサシューセッツ州エネルギー資源局編, "The Clean Peak Energy Standard (Draft Regulation Summary)、"Aug. 2019.のデータを基に本書が作成)

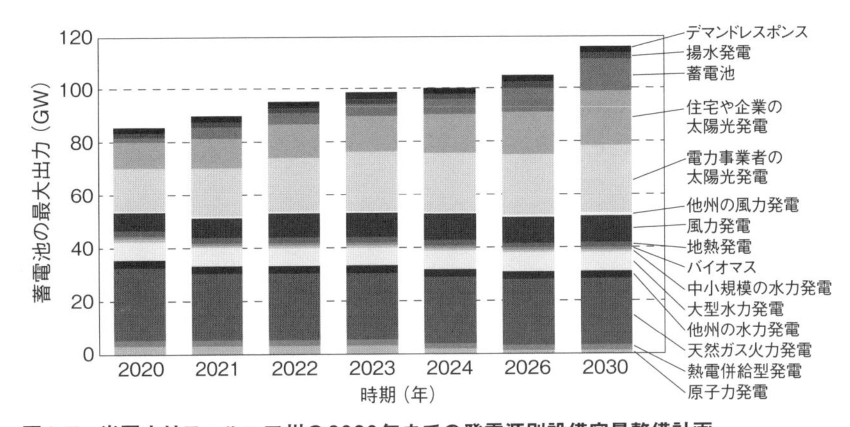

図3-7　米国カリフォルニア州の2030年までの発電源別設備容量整備計画

カリフォルニア州の2030年までの発電源別ロードマップ。州内の太陽光発電と風力発電の設備容量合計は2020年は33.49GWだが、2030年には56.26GWに増やす計画だ。(図：カリフォルニア州Agenda ID #18190)

導入組織	稼働時期	場所・地域	蓄電池容量／出力	発電システム／規模	蓄電池の提供	蓄電池の種類
英Northern Powergrid	2014年6月	英国の住宅や変電所6カ所	計5.7MWh/2.9MW	系統電力	NEC ES	LIB
米San Diego Gas & Electric	2017年3月	米国サンディエゴ	8MWh/2MW	系統電力	住友電気工業	VRFB
英VLC Energy	2017年11月	英国グラッセンベリー(Glassenbury)	40MW	系統電力	NEC ES	LIB
		英国クリエーター(Cleator)	10MW	系統電力	NEC ES	LIB
スイスEKZ	2018年前半	スイス・チューリッヒ	7.5MWh/18MW	系統電力	NEC ES	LIB
ドイツEnspireME	2017年12月	ドイツ・ヤルデルント(Jardelund)	50MWh/48MW	系統電力	NEC ES	LIB
米Salt River Project *1	未公表	米国アリゾナ州チャンドラー(Chandler)	40MWh/10MW	系統電力	Fluence	未公表
	2018年5月	米国アリゾナ州カサ・グランデ(Casa Grande)	非公開/10MW	太陽光発電/20MW	NextEra Energy Resources	未公表
ベルギーSolar Power Europe	2018年5月	ベルギー・テルヒルズ(Terhills)	非公開/18.2MW	系統電力	Tesla	LIB(Powerpack)
オーストラリア南オーストラリア州立政府	2017年12月	オーストラリア・ホーンズデール(Hornsdale)	129MWh/100MW	風力発電/315MW	Tesla	LIB(Powerpack)
	2018年半ば～2022年	南オーストラリア州全体(住宅5万戸) *2	675MWh *3	太陽光発電/250MW *4	Tesla	LIB(Powerwall)
JERA、米Fluence、豪Lyon	2019年ごろ	オーストラリア南オーストラリア州	400MWh/100MW	太陽光発電/約250MW	Fluence	未公表
		オーストラリアクイーンズランド州	80MWh/20MW	太陽光発電/約55MW	Fluence	未公表
		オーストラリアビクトリア州	320MWh/80MW	太陽光発電/約250MW	Fluence	未公表
米Southern California Edison	2022年	米国カリフォルニア州ロス・アラミトス(Los Alamitos)	400MWh/100MW	系統電力	米AESと韓国LG Chem	LIB

＊1 2030年までに3GW規模の系統電力向け蓄電システムを構築する計画　＊2 当初は1100戸、次に2万4000戸、最後に2万5000戸の3段階で利用者を募集する　＊3 13.5kWh/戸×5万戸　＊4 5kW/戸×5万戸

EKZ：Elektrizitätswerke des Kantons Zürich　JERA：東京電力と中部電力の共同出資会社
NEC ES：米NECエナジーソリューションズ（元米A123 Systemsの蓄電システム事業部）
LIB：リチウムイオン2次電池　VRFB：バナジウムイオンベースのレドックスフロー電池

表3-1　海外での主な大型蓄電池設備やVPPの導入例

テスラとオーストラリアが共同戦線

こうした動きは世界中にあり、電力系統への蓄電池導入が本格化しつつあります（**表3-1**）。中でも積極的なのがオーストラリアです。同国は2019年末時点で蓄電容量の合計が約1GWhのリチウムイオン2次電池を電力系統向け蓄電池や家庭用蓄電池として導入済みです。

ここで目立つ蓄電池システム事業者は3社。米テスラ、ドイツ・シーメンスが出資する米フルーエンス、そして米A123システムズを買収したNEC（米NECエナジーソリューションズ）です。テスラは日本ではEVで有名ですが、世界ではこの電力系統用蓄電システム、そして太陽光発電事業や家庭用蓄電池事業も手

(a) 住宅には「Powerwall」を導入し、VPPで束ねる

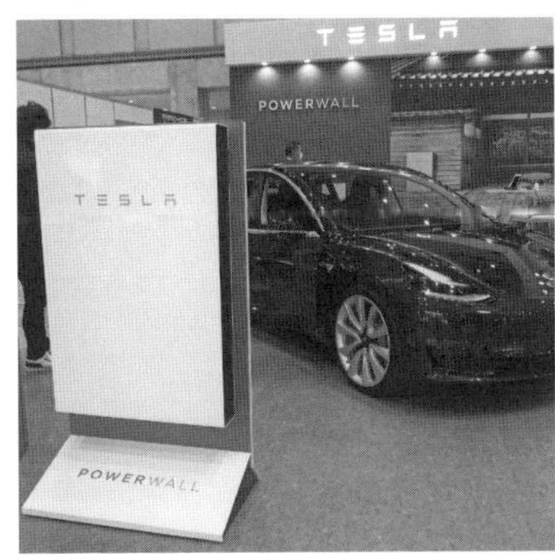

(b) 集中型蓄電地設備には「Powerpack」を利用

図3-8　Teslaは3種類の電池製品を使い分け
Teslaは住宅など向けの「Powerwall」（a）以外に、電力事業者向けの蓄電池「Powerpack」（b）、さらには「Megapack」を利用し、案件ごとに使い分ける戦略とみられる。（写真：（b）は、SolarPower Europe）

掛ける次世代エネルギー事業者とでもいうべき企業になっています。そして、同社はオーストラリア州政府と共同で蓄電池システム事業を推進しています（**図3-8**）。

再エネ＋蓄電池でコストは見合うのか

太陽光発電＋蓄電池で4.3円/kWh

ここまで読まれた読者の方には、蓄電システムの必要性や有効性、そして一部の国・地域で導入が始まったのは分かったが、導入に経済合理性はあるのか、という疑問を持った方がおられるはずです。

実際、経済合理性は多くの蓄電システムにとって大きな課題でした。ただ、他の再エネ同様、工場での大量生産によってリチウムイオン2次電池の価格は大幅に低下してきており、現在では容量単価が150～200米ドル/kWhと、約10年前の1/5の水準になっています。2030年には74米ドル/kWhになるという予測もあります（**図3-9**）。

この結果、太陽光発電と蓄電システムを合わせた発電コストでも、他の発電源の発電コストと十分競争できる水準になってきました。例えば、米ロサンゼルス水道電力局（Los Angeles Department of Water and Power：LADWP）が2019年6月に発表した「Eland Solar and Battery Energy Storage Projects」です。システムは、太陽光発電が375MWp、リチウムイオン2次電池の容量/出力が1200MWh/300MWの規模で、ロサンゼ

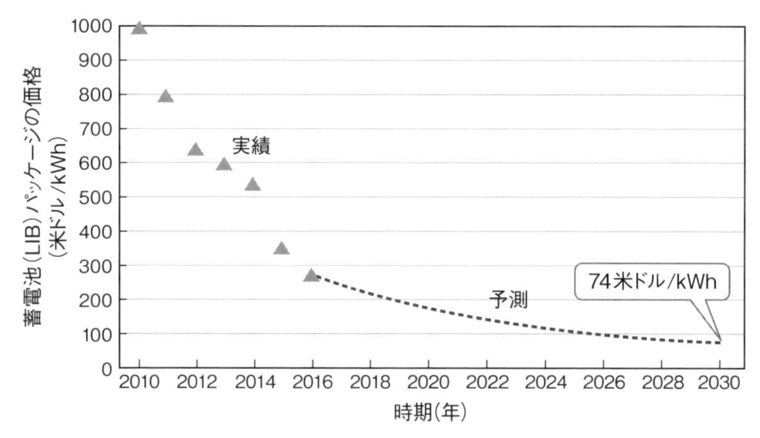

図3-9　蓄電池の価格は今後10年超でさらに1/3に
リチウムイオン2次電池パッケージの価格は、2010年時点で1000米ドル/kWhだったが、現在は1/5の200米ドル/kWh以下になっている。今後、供給過剰も手伝って2030年にはさらに1/3の74米ドル/kWhにまで低下すると予測されている。（図：米Bloomberg New Energy Finance）

ルスの北300kmにあるモハーベ（Mojave）砂漠に建設され、2023年末までにフル稼働を始める計画です。

同プロジェクトの太陽光発電とリチウムイオン2次電池を合わせた発電コストは約4.3円/kWh（3.962米セント/kWh）。これであれば、既存の電力源に対して価格競争力がありそうです。内訳は太陽光発電が約2.2円/kWh（1.997米セント/kWh）。蓄電池の利用コストが1.965米セント/kWh/回です。

LADWPは蓄電池システムの利用コストの根拠を明らかにしていませんが、蓄電池を主に電力のピークシフトに使うことは明言しています。ピークシフトは通常、1日に充放電サイクルを1回まわします。1.965米セント/kWh/回は、実際にはこの充放電サイクル1回分のコストだと考えられます。これが単位に「/回」がある理由です。

市場価格の蓄電池で実現

ここから導入時の蓄電池システムの価格を逆算してみます。LADWPが想定する稼働年数は25年です。ピークシフトのために充放電サイクルを1日に1回まわすと仮定すると25年で約9130回。すると、導入する蓄電池システムの価格は、おおよそ9130回 ×1.965米セント/kWh/回 ＝179.4米ドル/kWhとなります。これは上述のリチウムイオン2次電池の2020年ごろの150～200米ドル/kWhという予想価格にほぼ一致しています。

このプロジェクトでの公的支援は「再生可能エネルギー導入投資税控除（Investment Tax Credit：ITC)」と呼ばれる最大30％の税額控除のみです。

モハーベ砂漠は日照条件が良く、太陽電池1Wpで年間発電量が約3kWhと、日本の平均値の約2倍半も発電できます。こうした太陽光発電自体の発電コストが安い地域では、手厚い補助金がなくても、特別に割り引かれた価格でないリチウムイオン2次電池を電力系統に普通に導入することで経済合理性が得られるようになってきたのです。

リチウムイオン2次電池や再エネの導入コストは共に今後さらに下がる見通しですから、経済合理性の課題をクリアする地域は増えていくでしょう。

日本の住宅市場は高止まり

一方、やや伸び悩んでいるのが日本の住宅向け蓄電池市場です。2011年の東日本大震災、2016年の熊本地震など大災害が続いているために住宅向け蓄電池に数万台/年の需要が続いていますが、価格は高止まりしています。

具体的には、蓄電池システムの容量単価が工事費込みで20万～35万円/kWhという例がほとんどで、10kWh分導入すると計200万～350万円とかなりの出費になってしまいます。世界のリチウムイオン2次電池のパッケージの価格の10倍以上という高値です。

住宅用蓄電池でも、普及に弾みがつくには経済合理性があることが重要です。ここでの経済合理性とは、太陽光発電と合わせて、蓄電池の導入コストを製品寿命が来るまでに償却できること。そのためには、蓄電池システムの価格は9万円/kWh以下であるべきという調査会社の試算もあります。ところが、現在販売されている住宅向け蓄電池システムのほとんどが、この目安の2～4倍になっています。

そのためか、2年ほど前は導入台数が急速に増えて市場が急拡大するとみていた調査会社も、当面ほぼ横ばいか微増に、予測値を下方修正する例が増えています。

この背景には、導入工事は第二種電気工事士など専用の資格を持つ技師が担当するなどのルールがあったり、太陽光パネルを屋根に載せている住宅を一軒一軒訪問して蓄電池の必要性を理解してもらう営業コストが高かったりする点があります。

一方で、価格を下げなくても、コスト度外視の災害対策として少なくない数の受注があることも高止まりの一因になっているようです。業者側からみると「売れてるのになぜ価格を下げる必要があるのか」というわけです。逆に言えば、誰かが価格破壊を仕掛ければ、多くの蓄電池メーカーや事業者がそれに追随する可能性が高いのです。

黒船テスラ上陸

ここでその価格破壊を仕掛ける企業が登場しました。欧米の蓄電池システム市場で既に実績を上げているテスラです。同社は日本で2020年春に住宅向けリチウムイオン2次電池13.5kWh分のシステム「テスラ Powerwallホームバッテリー」を出荷する見通しです。価格は、直流を交流に変換する装置（パワーコンディショナー）や電力系統に連系するための装置とのセット価格で99万円（税別、工事費別）。テスラは電力系統への連系手続きなどを含む工事費はおよそ40万～55万円であるとしているため、容量単価は11万円超/kWh（税別）と、競合他社の1/2～1/3という安さです。ただし、経済合理性を得られる水準まではもう一歩。この蓄電池システムが人気を得れば、競合他社も価格を下げてくるとみられます。そうすれば、導入台数が大きく増え、価格低下が進む可能性が出てきそうです。

ちりも積もれば発電所

電気を使う側にとっての蓄電システム導入のメリットは、これまでは大きく3つありました。(1) 災害などによる停電対策、(2) 需要がピークになる際に蓄電システムから放電して使うことで契約電力を下げられる、(3) 安くなってきた太陽光発電の発電分を売電せずに自ら使う、の3つです。ただ、今後はもう1つ、そしてかなり大きなメリットが加わります。それが、(4) 仮想発電所（Virtual Power Plant：VPP）に参加することで、電力需給バランスの調整への貢献分の支払いを受けられることです。

このVPPとは、需要家側に設置した多数の小型蓄電池の充放電を電力系統側から制御することで、実質的な大規模蓄電システムとして扱う技術です（**図3-10**）。仮に1台10kWhの蓄電池の容量の1割をVPPに使える場合、それを5万台束ねれば50MWh、50万台束ねれば500MWhとかなりの大容量になります。第1章

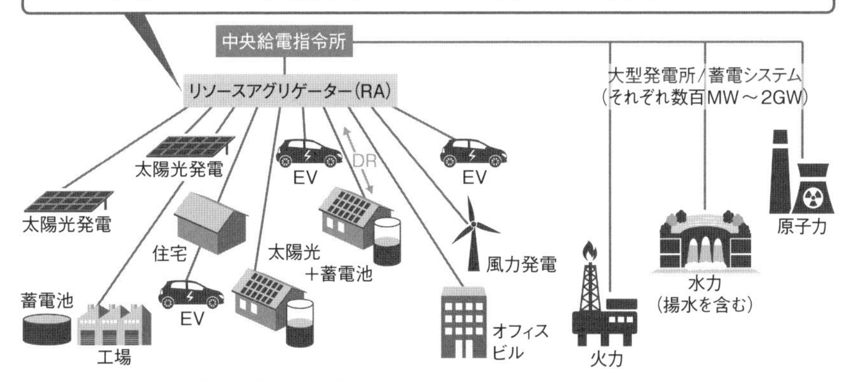

図3-10　VPPで“ちり”を集めて山にする

仮想発電所（VPP）のイメージを示した。以前から電力サービス会社などがビルや住宅の電気機器を制御して消費電力抑制などを図るデマンドレスポンス（DR）という技術はあった。VPPでは需要家側に設置した蓄電池に対して一斉にDRを施すことで、多数の需要家を仮想的な中～大型の発電所、または仮想的な大型蓄電システムと見なせるようにする。「上げDR」と呼ばれる、需要家に電力消費を促す指令も出せるようになる。

で触れた「上げデマンドレスポンス（DR）」は、中央給電指令所が電力の需要家に「今すぐもっと電気を使え」と命令することですが、VPPに対する指令であれば、蓄電池に電力を備蓄できるので無理がありません。

蓄電池を導入した需要家は、平均4kWpの太陽光発電を導入していることが多く、「分散電力源」とも言えます。それが例えば50万件あれば、発電規模も4kWp/件×50万件＝2GWpと、ピーク出力では原発2基分になります。電力系統に連系される発電量自体がVPPで増えるわけではありませんが、これらのシステムを束ねる「リソースアグリゲーター」と呼ばれる電力事業者にとっては、蓄電システム付き大型発電所を導入コストほぼゼロで手にすることができるわけで、競合他社に対する大きな強みになります。そうして得た利益の一部を蓄電池の提供者に還元すればお互いに“Win-Win”になる、つまり互恵がある話になるわけです。

現時点でVPPは、欧州やオーストラリアの一部で既に事業が始まっています。日本でも大手電力会社を含む多数の企業が実証実験を進めており、近い将来に事業化されそうです。東京ガスは2020年1月からグループ社内でのVPPの運用を始めました。KDDIなどは、電力の需給調整市場向けのVPPサービスを2021年4月に始める計画を明らかにしています。

部分最適と全体最適を両立

電力系統からみたVPPのメリットの1つは、個人や企業が設置した蓄電システムという資源の有効利用です。ただし、やや専門的な立場でみると、単純な有効利用以上に大きなメリットがあります。それは、部分最適と全体最適を両立できるという点です。

一言でいえば、VPPによって電力系統の安定化に必要な蓄電システムを大幅に節約できるということです。これとは逆に、

VPPなしで再エネと蓄電システムの導入を進めてしまうと、それぞれの分散電力源内で再エネの出力変動を蓄電システムで平準化してから電力系統に連系することになります。これは実は、蓄電システムの大変な無駄遣いです。

再エネ、例えば太陽光発電の出力は、雲1つの有無で大きく増減するため、局所的には激しく変動するのですが、地域全体、あるいは日本全体で出力を合計すると細かな出力変動分はほぼ相殺され、わざわざ平準化する必要がないことが多いのです。住宅や企業など分散電力源内で平準化、つまり部分最適を進めてしまうと、本来不要な蓄電池システムを大量に導入することになり、電力系統での全体最適とは相反する結果になってしまいます。

一方、VPPを導入すれば、出力の平準化は地域単位、または地域を超えた多数の分散電力源を束ねる単位で実行でき、部分最適と全体最適を両立できます。

必要な費用に2兆円の差

蓄電システムの部分最適と全体最適で蓄電池の必要量や費用にどれぐらいの違いが出るかは、経済産業省が2008年8月に試算したものを発表しています（**図3-11**）。それによれば、住宅などでの太陽光発電の余剰電力を電力系統に送らず(逆潮せず)

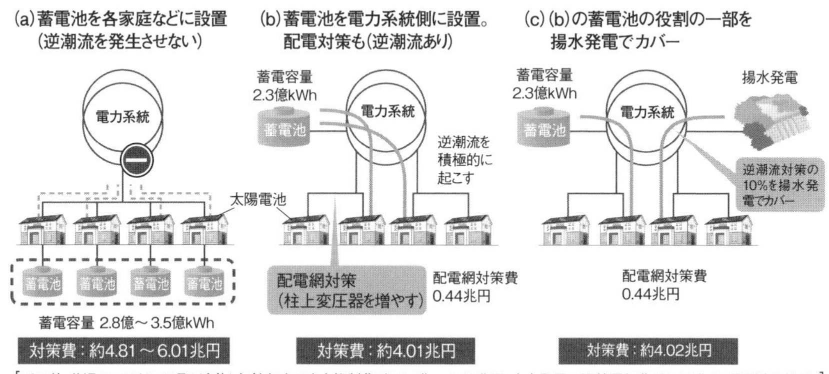

図3-11　蓄電システムの設置場所で対策費総額に2兆円の差
経産省による余剰電力対策コストの試算例。太陽光発電を2030年度までに約53GW分導入する仮定に基づく。余剰電力を各家庭に設置した蓄電池だけで吸収すると、コストは最大6.7兆円になる(a)。電力系統に接続した蓄電池や揚水発電を使うと約4.7兆円になる(b, c)。(図：日経エレクトロニクス)

にすべて住宅用蓄電池に貯めるには、3.5億kWh（350GWh）分の蓄電池が必要になり、最大6.7兆円の費用がかかります。一方、太陽光発電の余剰電力を電力系統に逆潮させ、電力系統側の蓄電池で出力変動を平準化した場合，必要な蓄電池容量は2.3億kWh（230GWh)、最大約4.7兆円で済むという結果です。1台10kWhの蓄電池なら1200万台分、約2兆円分の節約になるのです。

この試算時にはVPPという概念はまだ広まっていなかったのですが、住宅用蓄電池でもVPPによって電力系統から制御可能にした場合、それらを電力系統側に設置したのと同様な結果になります。

蓄電池はEVで勝手に普及？

VPPにはさらにもう1つ、大きな潜在力があります。それは、EVの蓄電池を電力の平準化に動員できる点です。

最近のEVでは、1台当たり50k～100kWhという大容量のリチウムイオン2次電池が搭載されています。これまで議論してきた住宅用蓄電池が10kWh前後ですからその容量の大きさが分かるでしょう。この容量を走ることだけに使うのはもったいないとして、住宅や電力系統にEVの蓄電池を連系する「Vehcle to Home（V2H）」「Vehcle to Grid（V2G）」という技術やシステムも開発されています。

ここでVPPをこのV2HやV2Gと併せて使うと、EVさえ普及すれば再エネのしわ取りやピークシフト問題が一気に解決する可能性があります。

具体的には、日本で約8000万台超ある自動車の半数がEVになり、それぞれ50kWhの蓄電池を搭載しているとします。そして各容量の1割がVPPで利用可能だとするとVPPとしての蓄電容量は200GWh。これは上述の経済産業省が試算した電力系統上の必要量に迫る蓄電容量で、しわ取りや短時間のピークシフトであればほぼ十分です。つまり、EVが広く普及するなら、蓄電池の導入コストをほとんど考えなくてよいのです。

次世代電池でさらに低コストに

次世代のガソリンや金？

ここまで応答の速い蓄電システムの代表例としてリチウムイオン2次電池を取り上げ、それらが再エネの大量導入に合わせて電力系統に大量導入されれば、同時同量の鎖から解き放たれ、発電コストがどんどん安くなるという話をしてきました。では、リチウムイオン2次電池やその材料はこの大量生産に耐えられるのでしょうか。

結論から言えば、材料の枯渇の心配はほぼありません。リチウムイオン2次電池の主要な材料はリチウム（Li）、コバルト（Co）、ニッケル（Ni）、マンガン（Mn）などです。

2018年前後は世界が近い将来の自動車をEVにする「EVシフト」が始まった頃で、リチウムやコバルトの供給ひっ迫が懸念されました。リチウムは水酸化リチウム、または炭酸リチウムとして供給されますが、それらが白いことから「現代の白い金」またはEVなどでの重要性から「次世代のガソリン」とも呼ばれます。ただ、リチウムイオンは海水から回収することも可能になりつつあり、長期的には枯渇の心配はほぼありません（pp.122-123の「海水からリチウムと水素を回収」参照）。

一方、コバルトはコンゴ民主共和国などアフリカの一部に偏在しており、埋蔵量自体が少ないことから、蓄電池、特にEVの本格的な量産が始まればたちまち供給がひっ迫しかねないと考えられてきました。現在の採掘可能な埋蔵量は約700万トン超。数年前のEVでは1台当たり10kg前後のコバルトを使っていたことから、EV7億台分しかないという計算でした。世界でクルマは年間約1億台が生産されていますから、世界の新車すべてがEVになったとすると、わずか7年で枯渇することになります。

こうした背景から、2018年には将来の供給ひっ迫を見越した買い占めでコバルトの価格が2016年の約4倍に高騰しました。

コバルトの利用率が激減

ただ、最近はリチウムイオン2次電池で利用するコバルトの量が大幅に減っています。住宅や電力系統で利用するリチウムイオン2次電池は正極にコバルトをまったく使わないリン酸鉄系の材料を使っているものが増えています。EV向けでも以前は、正極材料のうち酸素を除いた組成比がニッケル：コバルト：マンガン（またはアルミニウム）＝6：2：2などでしたが、3年ほど前は、同＝8：1：1とニッケルが増えてコバルトなどが減りました。ごく最近では、同＝95：2.5：2.5など、ほとんどがニッケルでコバルトはわずかしか使わない流れになっています。つまり最近のEV1台当たりのコバルト使用量は、2～3kg

かそれ以下だと推定できます。その中で、テスラは2020年2月、中国で生産するEVにはコバルトフリーのリン酸鉄系のリチウムイオン2次電池を使うと発表しました。遠くない将来、他のメーカーからもコバルトフリーの電池を用いたEVが出てくるかもしれません。これならたとえすべてのクルマがEVになっても心配はなさそうです。

海水からリチウムと水素を回収

リチウムイオンは今の蓄電池に不可欠の材料になっています。リチウム自体は地球の表面に亜鉛よりも多い量が存在し、資源として枯渇することは考えにくいのですが、採掘が容易な状態のリチウムは地域的に偏っています。具体的には、オーストラリアや南米諸国、そして中国西部の塩湖などです。オーストラリアでは鉱石として採掘され、精製も比較的容易です。ただ、その他は塩湖がほとんどで、高濃度の塩水を塩田で自然乾燥させてリチウムを回収するため、1〜1.5年の時間がかかります。そうした塩湖にはマグネシウムも大量に含まれていることが多く、それとの分離も実は容易ではありません。現在、採掘に使われている塩湖はリチウムに対するマグネシウムの量が比較的少ない所が中心になっています。結果、リチウムを低コストかつ安定供給できる採掘源は4〜5カ所しかなく、需要が急増した場合の対応などに不安が残ります。

一方、濃度こそ低いものの海水中には、塩湖などでの埋蔵量の約2万倍といわれるリチウムイオンが含まれています。そのため、量子科学技術研究開発機構 核融合エネルギー研究開発部門 六ヶ所核融合研究所 増殖機能材料開発グループ上席研究員の星野毅氏は数年前から、海水からリチウムイオンを低コストで取り出す技術を開発しています。星野氏が開発したのはリチウムイオン電池とほぼ同じ仕組みを使い、放電時にリチウムイオンが正極側に移動することを利用して同イオンを回収する技術。正極からは水素も発生します。さらに、工場の排ガスに含まれる二酸化炭素（CO_2）をコバルトの価格は2018年後半から大きく下がり、現在は2016年前半の水準にまで下がっています。これはEV市場の伸び悩みが原因とされてきましたが、電池内のコバルト使用量が大きく減ったことも理由の1つだと考えられます。

では利用率が増えているニッケルは大丈夫なのでしょうか。

使って、リチウムイオンを炭酸リチウム（Li_2CO_3）の形で取り出す技術も開発しました。リチウムイオンと水素を生産でき、二酸化炭素（CO_2）排出量を減らせる一石三鳥の技術で、しかもコストは量産すれば、「塩湖などでの採掘コスト並みに下げられる可能性がある」（星野氏）。こうした技術がバックアップとして控えているため、リチウムイオンの安定供給が課題になるリスクは低そうです。

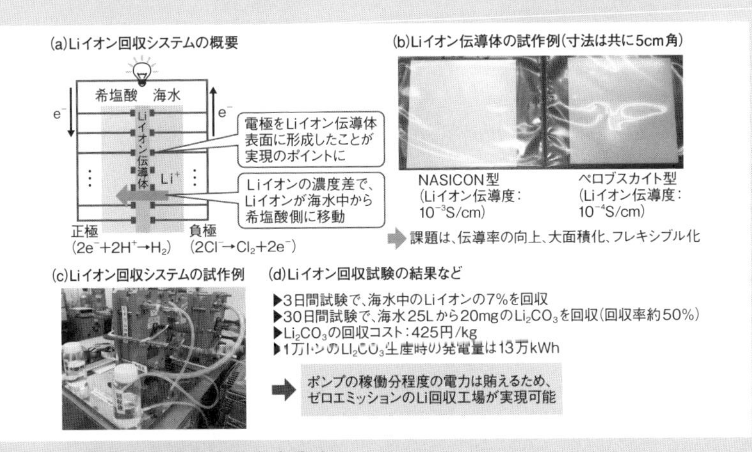

図3-A-1　海水からリチウムも水素も

量子科学技術研究開発機構の星野氏が開発した、海水中のリチウム（Li）を回収する技術。負極が海水、正極が希塩酸のリチウムイオン電池の放電時に、リチウムが負極から正極へ移動することを用いる。起電力はリチウムイオンの濃度差で生じる。リチウムイオンを回収できるほか、放電で電力も生じ、しかも放電時に正極側で水素が発生する。

仮にコバルトの利用量がEV1台当たり2.5kgだとすると、ニッケルは100kg弱使っている計算です。一方、ニッケルの年間採掘量は190万トン。これはEV約1920万台相当で、年間1億台分にはかなり足りません。ただ、ニッケルの現在の技術での採掘可能量は1億トンでEV約10億台分。海底資源を含む将来的な採掘可能量はその約5倍とされており、すべてのクルマがEVになっても50年は持つ計算です。ニッケルはリサイクルも進んでいますから、EVの急増で一時的にひっ迫したとしても、コバルトのような枯渇の心配は無用です。

海水や野菜が次世代電池の材料に？

それでも大学や企業の研究所では、リチウム、コバルト、ニッケルなどを使わない次世代電池の研究開発が盛んに進められています。材料の枯渇の心配はなくとも、本質的に豊富な材料を使うことができれば、より安価な電池をより大量に作れるからです（**図3-12**）。

その筆頭候補がナトリウム（Na）イオン2次電池、2番手がカリウム（K）イオン2次電池です。いずれも、東京理科大学教授の駒場慎一氏の研究室が研究開発を牽引しています。

ナトリウムイオン2次電池は、海水中などにほぼ無尽蔵にあるナトリウムイオンをリチウムイオンの代わりに正極と負極間

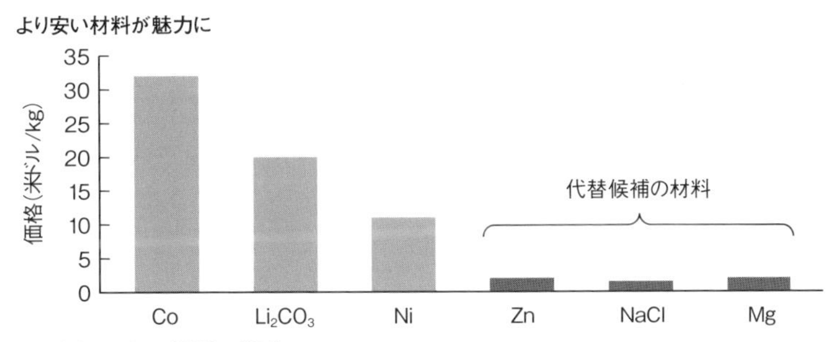

図3-12　大幅に安い材料に脚光
現在の高性能リチウムイオン2次電池に用いられている材料であるコバルト（Co）、炭酸リチウム（Li_2CO_3）、ニッケル（Ni）と、次世代の格安2次電池の候補材料である亜鉛（Zn）、食塩（NaCl）、マグネシウム（Mg）の単位重量当たりの価格例（2017年1月時点）を示した。ZnやNaCl、Mgはいずれも2米ドル/kg前後で非常に安い。

でやりとりして充放電する電池です。リチウムイオン2次電池よりも正極材料として使える材料の選択肢が広く、コバルトやニッケルを使わない有望な技術も幾つかあります。

ナトリウムイオンの価格はリチウムイオンに比べると約1/10かそれ以下の水準です。このため、電池の価格は材料の最小限の変更だけでも2割超安くなるという試算もあります（**図3-13**）。この電池には、以前は充放電サイクル寿命が非常に短いといった課題がありましたが、最近は大幅に改善しています。また、海外では文字通り、海水を電池の一部として使うナトリウムイオン2次電池も試作されています（**図3-14**）。

ちなみに、ナトリウムというと爆発などのリスクを懸念する人がいますが、その懸念があるのは金属ナトリウムを使う電池

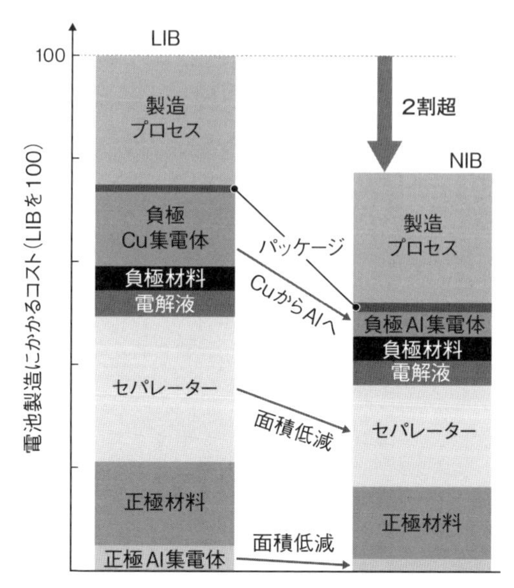

図3-13　イオンの変更で2割コスト削減

リチウムイオン2次電池（LIB）とナトリウムイオン2次電池（NIB）の製造コストの内訳を比較した。NIBでは正極層をLIBよりも厚くしやすいため、セルの面積をLIBに比べて約3割低減できる。加えて、銅（Cu）に比べて安価なアルミニウム（Al）を負極集電体材料として使えることなど、トータルで2割超のコスト低減になる。この内訳には、電池の輸送コストおよび、最近のコバルト（Co）やリチウム（Li）の高騰は反映されていない。（図：東京理科大学 駒場研究室の資料を基に日経エレクトロニクスが作成）

です。金属ナトリウムは水に触れると発火や爆発の可能性があるからです。一方、ナトリウムイオンは食塩や食塩水、海水などと同様、それ自体が発火したり爆発したりする危険性はほぼゼロです。

潜在力はナトリウムイオン超え

現在、そのナトリウムイオン2次電池を猛追しているのがカ

(a) 高濃度電解液でサイクル特性が大幅に向上

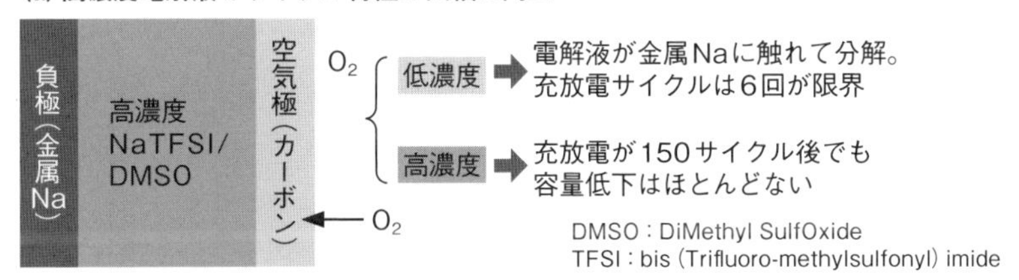

(b) Na海水電池で、電極材料コストは格安に

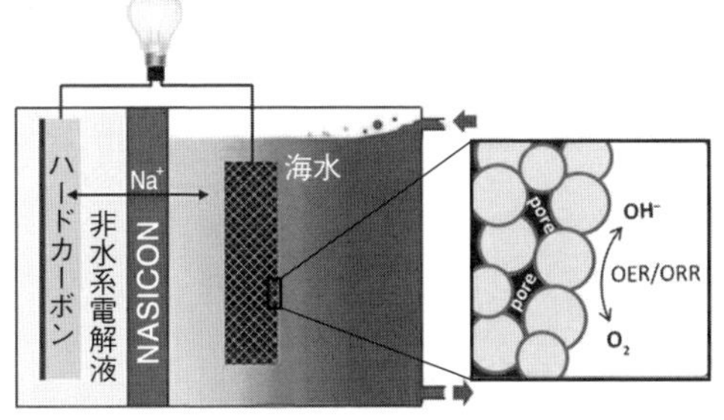

OER：酸素発生反応
ORR：酸素還元反応

図3-14　高濃度電解液がブレークスルーに

米Ohio State Universityなどが2016年11月に発表したナトリウム（Na）空気電池におけるブレークスルー（a）と、韓国の大学UNiST（Ulsan National Institute of Science and Technology）が2016年12月に米化学会（American Chemical Society）で発表したNa海水電池の概要（b）を示した。（図：(b)はAmerican Chemical Society）

リウムイオン2次電池です。この5年ほどの間に研究開発の論文数が10倍以上に増えています（**図3-15**）。

カリウムイオンはレタスなど野菜に多く含まれる成分ですが、電圧や充放電サイクル寿命、出力の大きさなど電池としての潜在力はナトリウムイオン2次電池を大きく上回るとみられています。電解液として水溶液も選べるため、油の一種を使う現在のリチウムイオン2次電池に比べて発火事故の危険性が大幅に低いのも魅力です。

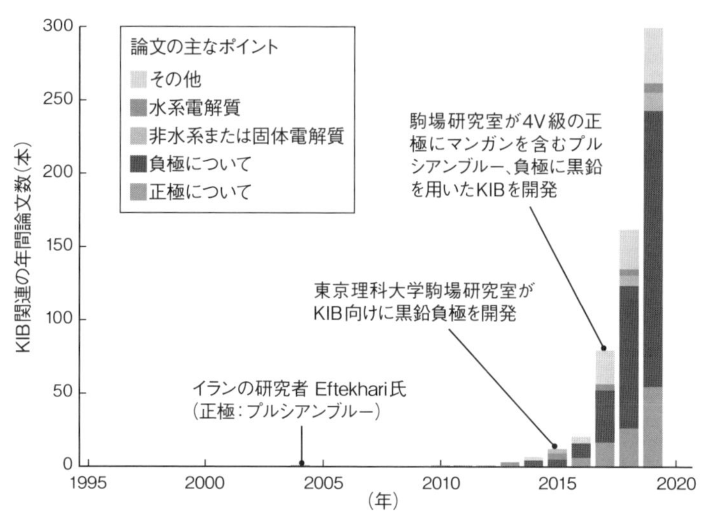

図3-15　約10年の時を超えて脚光

カリウム(K)イオン2次電池(KIB)やKイオンキャパシター(KIC)についての年間論文数の推移。2004年にイランの研究者が正極にプルシアンブルー、負極にカリウム金属を用いた2次電池を発表したが、10年以上顧みられなかった。2015年に東京理科大学の駒場研究室が、負極にグラファイトを用いて、リチウムイオン2次電池と同様なインターカレーションで動作するKIBを提唱。2017年には、この負極とマンガンを一部含むプルシアンブルー正極で4V級のKIBを開発した。これらの研究によってKIBに注目が集まり論文が急増。2019年には約300本の論文が発表された。(図:東京理科大学 駒場研究室)

カリウムイオン2次電池でもう1つ興味深いのが、正極材料です。有望な材料の1つが青色顔料であるプルシアンブルーで、葛飾北斎の浮世絵「富嶽三十六景」などの紺青色に使われているほか、現在の青色鉛筆や青色ボールペンなどにも使われている身近な材料です(**図3-16**)。主成分はカリウムのほか、鉄(Fe)や炭素(C)、窒素(N)、マンガン(Mn)などで、高価な成分を含まないのでコストも安いのです。

これらの“新材料”から成る電池が実用化されれば、現在の

(a)「富嶽三十六景 神奈川沖浪裏」

(b) 結晶構造は隙間が多い

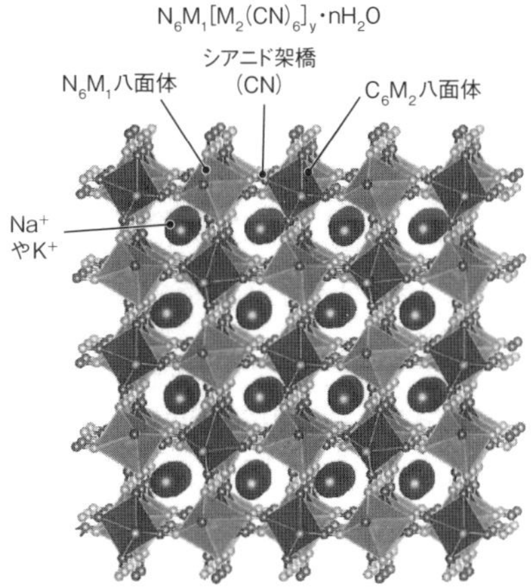

図3-16　有望な正極材料は"北斎ブルー"

"北斎ブルー"とも呼ばれる、青色顔料のプルシアンブルーを用いた葛飾北斎「富嶽三十六景 神奈川沖浪裏」(a)。鉄 (Fe) や炭素 (C)、窒素 (N) などから成る結晶構造は隙間が多く、カリウムイオンが出入りしやすい (b)。(図：(b) は東京理科大学)

リチウムイオン2次電池よりも大幅に安く、しかも量産で材料のひっ迫や枯渇の恐れがまったくない電池が実現することになります。

参考文献

3-1) ESA、"35 × 25　A Vision for Energy Storage, " Nov. 2017.

太陽光発電は原発と同じ夢を見るか？

東日本大震災が起こる少し前の2010年に電気事業連合会（電事連）に今後の原発のプランなどについて取材したことがあります。当時、電事連は「2030年に原発で電力需要量の60%を賄う」ことが目標で、さらに将来的には原発の数を大幅に増やし、電力需要のほぼ全部を原発による発電で賄う計画を立てていました。電事連はそれが、化石燃料の消費量を減らし、同時に二酸化炭素（CO_2）の排出量を削減することにもつながると考えていたのです。

興味深いのはその実現手法です。電力系統の同時同量を守るためには、電力需要の変動に合わせて発電出力も変動させなければなりません。ところが、原発は出力を電力需要の増減に応じて変動させる「負荷追従運転」が苦手です。原発大国のフランス

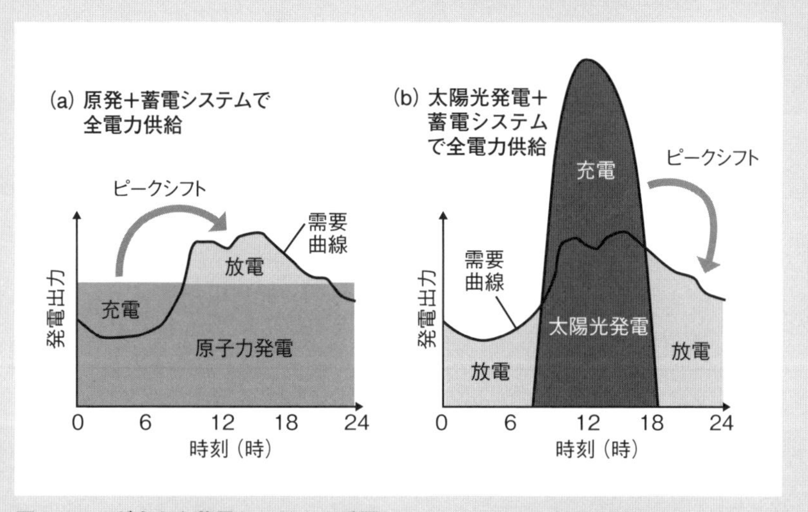

図3-B-1　どちらも蓄電システムが重要に

電事連がかつて想定していた原発と蓄電システム（主に揚水発電）で全電力を供給するイメージ（a）と、太陽光発電と蓄電システム（主にリチウムイオン2次電池と水素/燃料電池）で全電力を供給する場合のイメージ（b）。蓄電システムの充電と放電のタイミングが（a）と（b）で逆になっている。（図：資源エネルギー庁の需要曲線の例を基に本書が作成）

では多少それを実施しているようですが、それでも火力発電のような大きな出力変動はできません。電事連も「原発の負荷追従運転は考えていない」と述べていました。

代わりに想定していたのが揚水発電と水素/燃料電池という蓄電システムの大量導入です。夜間、原発の発電余剰分を揚水や水の電気分解による水素の生産で吸収し、正午前後の電力需要のピークに放水したり、水素を燃料電池に投入したりして発電することで同時同量を守る計画でした。それが「水素社会」を目指す理由の1つでした。

原発の夢を再エネが引き継ぐ

この手法は、再エネ、特に太陽光発電の大量導入時代に世界中で採用される見通しです。太陽光発電は原発とはさまざまな点で正反対の特性を持ちますが、電力需要に合わせた出力が得られず、大量導入時に大規模な蓄電システムが必要になる点だけは原発とよく似ているからです。ただし、発電が余剰になる時間帯が原発は夜間、太陽光発電は昼間であることで蓄電システムの運用スケジュールも昼夜が逆になります。

想定する蓄電システムも少し変わりました。1本の川で上下2つのダムから成る揚水発電は自然環境保護などの観点から今後の大量導入は現実的ではありません。その代わりに台頭してきたのがリチウムイオン2次電池です。揚水発電と違って工業製品であることで、大量に生産、導入すればするほどコストが下がる特性があります。

一方、水素/燃料電池はそのまま蓄電システムの有力候補として残りました。水素/燃料電池を研究開発する研究者にとっては“雇い主”が原発から再エネに変わっただけで、開発目的は変わりません。

あたかも、原発が見ていた夢を再エネが引き継いだ格好になっているのです。

第4章

水素／燃料電池編

“運べる電気”が実現

——蓄電池との連携でコストの壁を突破——

水素/燃料電池も活用へ

蓄電池は短距離ランナー

第3章で今後の蓄電システムとしてリチウムイオン2次電池（蓄電池）を取り上げましたが、実はこの電池だけでは再生可能エネルギー（再エネ）の大量導入にすべて対応しようとするのはコスト上、得策ではありません。リチウムイオン2次電池はごく短時間の出力変動の吸収（しわ取り）や1日のうち1～数時間程度の電力平準化（ピークシフト）には優れています。ところが、現時点では1日を超える長時間の連続放電やより長期の電力の貯蔵では大幅に割高になってしまいます。数百mを速く走ることに優れた短距離ランナーが、長距離のマラソンを得意としていないことが多いのに似ています。

リチウムイオン2次電池の導入規模の表記に「120MWh/100MW」などとある場合、容量が120MWhで定格出力が100MWであることを指します。それともう1つ、その定格出力の継続時間が、120MWh÷100MW＝1.2hour（1.2時間）、つまり約1時間12分であることも分かります。電力系統に導入されている大型のリチウムイオン2次電池は現在、放電の継続時間が長いもので4時間ぐらい。例えば、400MWh/100MWといったシステムです。出力を維持したまま、継続時間の長いリチウムイオン2次電池を開発することも技術的には可能ですが、無理に作るとシステムの価格が競合技術に対して相対的に高くなってしまいます。

水素を使う燃料電池が助っ人に

それでは、より長時間のスケールでの電力の平準化には何を使うのがよいのでしょうか。幾つか選択肢があるのですが、中長期的にみた最有力候補は、純水素を燃料に使う燃料電池（FC）です（**図4-1**）。

燃料電池は、その名の通り"燃料"をゆっくり燃焼させてそ

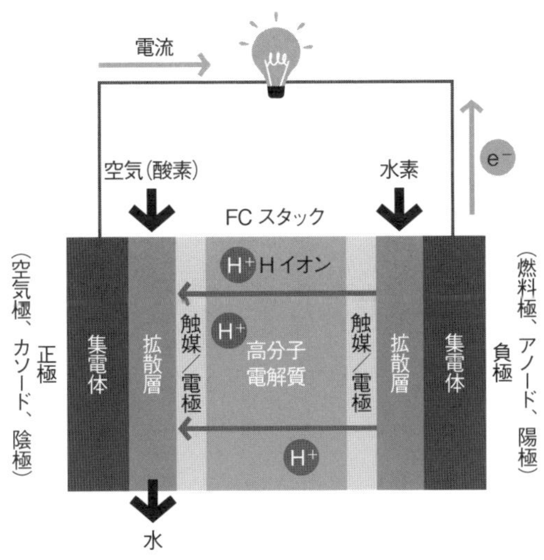

図4-1 PEFC（固体高分子形燃料電池）の仕組み

こから電気の形でエネルギーを取り出す（発電または放電する）技術です[注4-1]。この“燃料”にはさまざまな選択肢がありますが、天然ガスなどの炭化水素を燃料に使うと二酸化炭素（CO_2）を排出してしまいます。

一方、純粋な水素を燃料として使うと、CO_2は出ません。出るのは水（H_2O）だけです。

水素の形であれば再エネで発電したエネルギーの長期貯蔵も容易です。貯蔵方式の後で詳しく紹介しますが、貯蔵期間が数カ月から1年以内であれば、高圧ボンベに水素を充填しておけばよく、貯蔵量を増やすのも容易です。冷却して液体水素にしてしまうと貯蔵時間に比例して冷却コストが増えるのですが、常温での水素ガスやそれに準じた形であれば貯蔵時間が延びてもコストはほとんど増えません。後述するように、液体水素よりもコンパクトになる化学材料に変換する技術も開発されています。こうした材料を使うことで貯蔵や運搬がより低コストになります。

水素は再エネと水から作る

では、この水素はどこから来るのでしょうか。天然ガスなど

注 4-1）燃料電池を研究開発する人の多くはこれを「発電」と呼ぶが、化学反応上は正極材料に空気（酸素）、負極材料に水素を使う電池と同じで、「水素イオン空気電池」ともいえるため、「放電」と呼んでもよい。

の化石燃料から作ることはできるのですが、それではやはり大量のCO_2を排出してしまいます。

再エネ大量導入時代の水素は、再エネで発電した電気で水を電気分解（水電解）して作り出せます（**図4-2**）。この際、排出されるのは酸素だけです。その水素を基に燃料電池で発電したり、燃料として燃やしたりする際は大気中の酸素を使うため、酸素の排出量と消費量はプラスマイナスゼロです。そして燃料電池などが排出するのは水だけです。つまり、太陽エネルギーから電気、その電気と水から水素と酸素、そして水素と酸素から電気と水を作るのです。再エネによる発電から、燃料電池で電気を再度発電するまで環境負荷はゼロというわけです。再エネで水から作り出した水素は「再生可能水素」と呼ぶこともあります。この水電解装置を燃料電池とセットで利用して初めて、電気を貯めて取り出す蓄電システムになります。

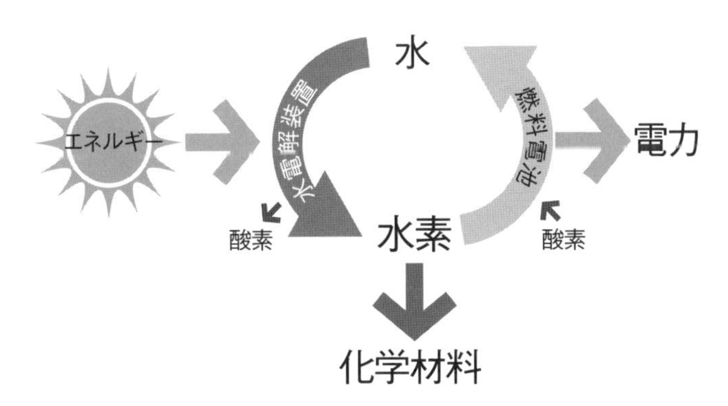

図4-2　水素製造も含めた材料の循環の様子

(a) ホンダの「スマート水素ステーション（SHS）」

再生可能エネルギーなどの電力で水電解し、コンプレッサーなしで70MPaの高圧水素に

国内20カ所で運用中

(b) 東芝の水素製造と貯蔵、FC発電・蓄電一体型コンテナ「H2One」

JR武蔵溝ノ口駅（川崎市）への設置例

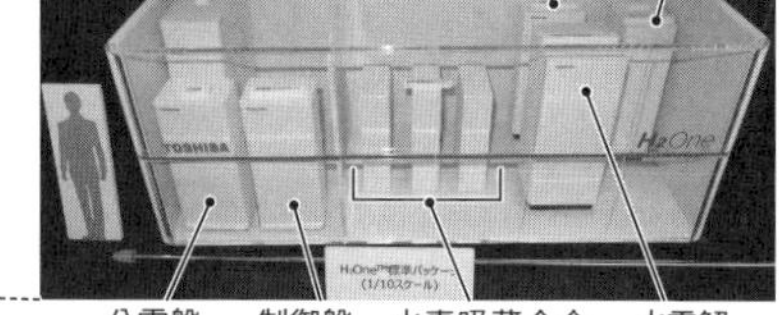

(c) ドイツ（北部のニーダーザクセン州）

FC列車「Coradia iLint」15台を走らせるには、風力発電ならおよそ定格10MW（実際の出力では4MW）で、水電解する必要がある

(d) 中国・大連市

風力発電や太陽光発電を基に製造した水素を提供する水素ステーション

図4-3　電力の利用者側で水素製造と発電

電力の需要家（利用者）がその場で再生可能エネルギーから水素を製造し、利用する動きが出てきた。ホンダは再エネなどを基に水素を製造してクルマに供給する「スマート水素ステーション（SHS）」を開発（a）。既に国内20カ所に導入した。東芝は、JR東日本の「武蔵溝ノ口駅」（川崎市）に、東芝の蓄電池とP2G/FC、および水素ストレージのオールインワンコンテナ「H2One」を3台設置（b）。2018年秋からFC列車の運行を始めたドイツ北部のニーダーザクセン州では、定格10MWの風力発電で、15台のFC列車に必要な分の水素を製造できると試算する（c）。中国では2016年、再エネと燃料電池の国家プロジェクトを担当する上海市の中国 同済大学（Tongji University）が、大連市に太陽光発電と風力発電の出力で水素を製造する水素ステーションを導入した（d）。（図と写真：（a）はホンダ、（b）は日経エレクトロニクス、（c）はフランスAlstom、（d）は同済大学）

小型の水電解装置と燃料電池がセットになった小型の蓄電システムは既にホンダや東芝が開発し、街中に設置され始めています（**図4-3**）。

再エネの発電ファームとセットになった大型の水電解装置の実用化も始まりつつあります。2020年2月末、福島県浪江町に水素製造施設「福島水素エネルギー研究フィールド（FH2R）」が完成しました（**図4-4**）。開発を主導したのは経済産業省傘下の新エネルギー・産業技術総合開発機構（NEDO）と東芝エネルギーシステムズ、東北電力、岩谷産業です。再エネには20MW級の東芝製またはアンフィニ製太陽光発電システム、水電解には最大10MW、定格6MW規模の旭化成エンジニアリング製のアルカリ形水電解システムを使います。これで水素を1200Nm^3/時†という規模で製造できるとしています。つまり、1時間の稼働でトヨタ自動車のFCV「MIRAI」約23台分の水素を製造できるわけです。

製造した水素は、高圧ボンベに充填されて東京などにトラックで運ばれ、燃料電池車（FCV）やFCバスの燃料に使われるほか、延期にはなりましたが、東京五輪・パラリンピックの選手村に設置された住宅用燃料電池で使われる予定です。

† Nm^3＝ノルマル（Normal）立方メートル。標準状態（0℃、1気圧）での気体の体積（m^3）。

(a)2020年から福島県浪江町に最大10MWの規模で水素を製造開始

2018年7月建設開始、2019年10月完成、2020年7月正式稼働予定

日照時は20MW規模の太陽光発電（夜間などは系統電力も利用）の電力（最大10MW、平均6MW）で水電解

1200Nm³/時（約107kg/時）、年間では約900トン（約19万台のトヨタ自動車製FCV「MIRAI」を満充填可能）の水素を製造

(b)福島県産再エネ100%の水素を東京で利用へ

東京都知事の小池百合子氏と福島県知事の内堀雅雄氏

(a)の前宣伝として、2019年1月31日から1週間、都内を走るFCV5台に、福島再生可能エネルギー研究所で製造したCO_2フリーの水素を充填

図4-4　再エネで水素量産時代へ

日本における、再生可能エネルギーを使って大規模に水素を製造する取り組み（a）。福島県浪江町に建設された水電解施設「福島水素エネルギー研究フィールド（Fukushima Hydrogen Energy Research Field（FH2R））」は、2020年7月には稼働して、最大10MWの電力で水素を1200Nm³/時の規模で製造できる。水電解技術は旭化成が提供する。日照時は太陽光発電の電力を用いるが、夜間などは電力系統の電力も利用する。主目的は電力系統の平準化の研究だが、製造した水素は2021年夏の東京五輪・パラリンピック時に選手村などに供給する計画である。2019年1月にはそのアピールのために、同じ福島県の産業技術総合研究所 福島再生可能エネルギー研究センターで製造したCO_2フリーの水素を、東京を走るFCVに充填するイベントも開いた（b）。（図：（a）はNEDOのWebページから）

蓄電システムもミックスで使う

この水素/燃料電池とリチウムイオン2次電池などの蓄電池は直接競合するシステムではなく、組み合わせて使うことでお互いの足りない部分をうまく補完できるようになっています。複数種類の発電源を組み合わせて使う「エネルギーミックス」という言葉がありますが、蓄電システムもミックスで使った方が、技術的にもコスト的にもベストの結果が得られます。具体的には、本章の冒頭で触れたように、蓄電池は原則としてほぼ瞬時から数時間という比較的短時間の出力変動の平準化に向いています。一方で、長時間電気を貯めておくシステムとしては非常に高コストです。

これに対して水素は非常に高いエネルギー密度を持っており、長期の貯蔵も比較的低コストでできます。ところが、それを電気に変換する燃料電池は原理上、やや緩慢に動作する装置で、急激に大きな出力を出すのには向いていません。つまり、蓄電システムとして短時間から長時間の出力変動を幅広く平準化するには、蓄電池と水素/燃料電池を組み合わせて使うのがよく、それによってお互いの短所を補うことができるのです。

パソコンのメモリーに類似

実はこの組み合わせに似たシステムを私たちは日常的に使っ

ています（**図4-5**）。それは、パソコンなどのコンピューターのメモリーの構成です。コンピューターでは、データの読み出し速度や書き込み速度の速さ（応答性）、そして1ビットごとの記録コスト（ビット単価）の違いで異なる種類のメモリー技術を使います。具体的には、応答の速い順、そしてビット単価の高い順に「SRAM」「DRAM」「SSD（Solid-State Drive）」「HDD（Hard Disc Drive）」「磁気テープ」といった具合です。

このうち、SRAMは非常に応答が速く、データを瞬時に読み書きできますが、メモリーとしてのコストが高いため、コンピューターチップの中に実装できるわずかな記録容量分しか使えません。このため、コンピューターが動作するのに必要なデー

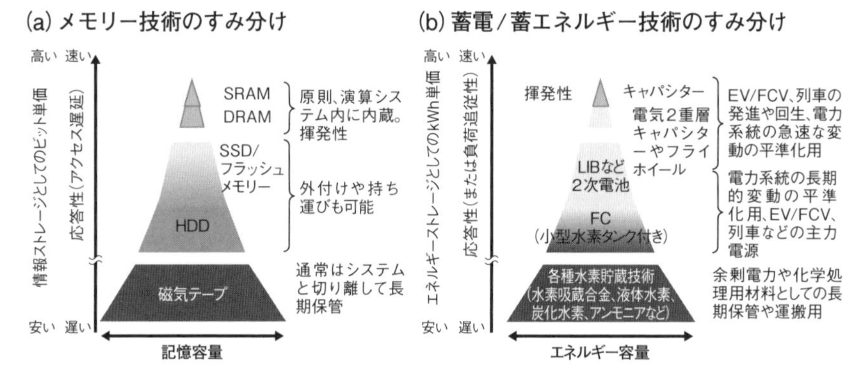

図4-5　FCはHDDや磁気テープに近い
データ記録（メモリー）技術の特性の違いによるすみ分け（a）と、各種蓄電/蓄エネルギー技術の特性の違いによるすみ分け（b）を比較した。コストや応答性の点で、リチウムイオン2次電池（LIB）はメモリー技術でのDRAMやSSDのような存在。一方、FCはHDDや磁気テープに相当する。メモリー技術では、特性の異なる技術を組み合わせることでパソコンなどを有用な機器にしているように、蓄電/蓄エネルギー技術でも組み合わせが高い価値を生む可能性がある。

タの大半はDRAMに格納します。

ただ、これだけではまだ足りません。プログラムを保管したり、計算で出力した大量のデータを格納したりするための大容量のメモリーが必要です。これにはSSDやHDDが使われています。SSDやHDDはDRAMよりは反応が遅いですが、その分ビット単価が安いのです。多くの企業ではさらにそれらのバックアップとして磁気テープが使われています。磁気テープの応答は非常に遅いのですが、大量のデータを非常に低いコストで記録、保管できます。

これらの役割を1種類のメモリー技術だけで済ませることも理屈の上では可能ですが、動作性能がものすごく低くなったり、驚くほど高コストになったりしてしまいます。複数種類のメモリーをうまく組み合わせて使えばコストと性能の点で最適な結果が得られるのです。例えば、最近、価格が下がり多くのパソコンにSSDが使えるようになったことで、パソコンの起動が非常に速くなりましたが、HDD並みの記録容量のSSDはまだ高価です。起動が速く記録容量も大きなパソコンは、SSDとHDDを組み合わせて使っています。

状況は蓄電システムもほぼ同じです。SRAMに相当するのが、蓄電容量は小さいものの瞬時の応答性やパワーに優れる電気2重層キャパシター[†]やフライホイール[†]。応答性が良い一方で、ある程度までは容量を大きくできるDRAMやSSDに相当するのが、まさに最近登場したリチウムイオン2次電池。HDDに相当するのは揚水発電。そして磁気テープに相当するのが水素/燃料電池だといえます。磁気テープは通常、コンピューターとは別の場所に運搬されて保管されますが、後述するように水素も運搬され貯蔵される点がよく似ています。

将来は蓄電池と燃料電池の２強に

ただし、こうした技術の使い分けは各技術の向上やコスト低下の状況によっても大きく変わります。コンピューターの例でいえば、仮にSSDの大容量化と小型化がさらに進み、価格も大幅に安くなればHDDの存在意義がなくなってしまう、といったところでしょうか。

多くの蓄電システム技術について将来にわたってそのコストの変遷を調べ、最も適した用途の変化を予測したのが、英国の大学であるインペリアル・カレッジ・ロンドンの研究者の研究です（**図4-6**）[4-1]。

†電気2重層キャパシター＝一般のキャパシター（コンデンサー）で使う絶縁材料を電荷（キャリア）が動くイオン性液体またはイオン導電性固体電解質にしたもの。キャリアが正極と負極の片方または両方で電極と薄いキャパシターを形成するため、一般のキャパシターに比べて容量が大きい。

†フライホイール＝高速回転する大型のコマのような装置で、電力をそのコマの回転の運動エネルギーに変換して貯蔵する装置。充放電には、軸受けに設けたモーター兼発電機を使う。

(a) 最も安い蓄エネ技術は時期によって異なる

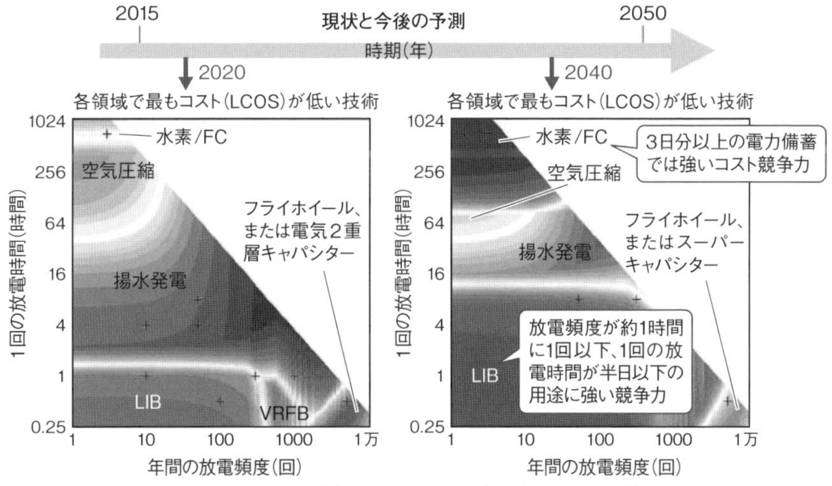

LCOS：Levelized Cost of Storage（均等化蓄電原価）　LIB：リチウムイオン２次電池
VRFB：バナジウム利用のレドックスフロー電池

(b) 圧縮空気と揚水発電が使えない場合の2030年以降の様子

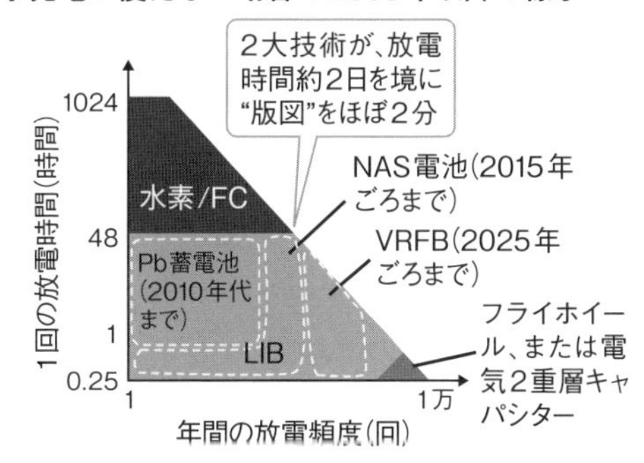

図4-6　将来はリチウムイオン２次電池と水素/燃料電池が主要な蓄電技術に

英Imperial College Londonの研究者が示した、放電頻度や放電時間それぞれでの最もコスト競争力が高い技術（a）[4-1]。9種類の技術（リチウムイオン2次電池（LIB)、水素/燃料電池（FC)、NAS（ナトリウム-硫黄）電池、鉛（Pb）蓄電池、バナジウム利用のレドックスフロー電池（VRFB)、空気圧縮、揚水発電、フライホイール、電気2重層キャパシター）を2015～2050年のコストの変遷も考慮して比較した。色の濃度が高いほどコスト競争力が高い。縦軸の放電時間は電力容量や備蓄容量と相関が高く、放電時間が長く放電頻度が少ない（左上の領域）ほど大容量の電力量の備蓄に向いた技術であることを意味する。2040年にはLIBが揚水発電の主要用途を一部代替する一方、水素/FCは大電力量の備蓄技術としての地位を確立している。仮に揚水発電が使えない場合、2030年以降は水素/FCとLIBが2大蓄電/蓄エネルギー技術になっている（b)。（図：（a）はSchmidt et al./*Joule*)。

この研究では、典型的な放電時間の長さと放電の頻度、容量コストを基に蓄電システムの幾つかの技術を比較しました。現時点（2020年）ではさまざまな技術がすみ分けています。放電時間が短く、しかも放電頻度が非常に多い用途では、フライホイールや電気2重層キャパシターが最も優れた技術となります。具体的な用途は、電気自動車（EV）や電車の急発進や急停車、またその際の回生ブレーキ†の蓄電などです。ただし、大型化や大容量化には限界があり、万能とはいきません。

一方、リチウムイオン2次電池は現時点で放電時間が約1時間、頻度はおよそ1日に1度以下の用途で強みを発揮します。放電時間が1時間以上かつ3日以下の用途では、揚水発電が最も低コストです。そして、放電時間がそれよりも長くなると巨大な容器に圧縮空気をためる「空気圧縮†」技術が台頭します。ただ、さらに約1カ月以上の放電時間、言い換えると少なくとも1カ月程度は電力（またはそのもととなる蓄電材料）を貯蔵している用途では水素/燃料電池一択となります。

ところが、約20年後の2040年にはガラリと様子が変わって

†回生ブレーキ＝走行中に制動をかけた際に、クルマや電車の運動エネルギーを電気エネルギーに変換する機能を備えたブレーキ。最近の電気自動車(EV)やプラグインハイブリッド車(PHEV)の多くはこのブレーキを利用している。

†空気圧縮＝ドイツや英国などで利用されている蓄エネルギー技術。空気をコンプレッサーで圧縮して容器や、場合によっては岩塩に真水で開けた巨大な穴に詰め、取り出すときの空気流でタービンなどを回して電力に変換する。コストは低いが効率も低い。空気を充填する際、発生する熱をどうするかで幾つかの派生技術がある。

しまいます。リチウムイオン2次電池は今後も大量生産と技術革新が進み、コストが現時点よりも大幅に下がることで、放電時間が約12時間以下の用途のほとんどで、最も低コストで優れた技術となります。放電時間の長い用途では、水素/燃料電池が優れる領域が大きく拡大します。

一方、揚水発電が適した用途の領域はかなり狭まり、バナジウムイオンを用いたレドックスフロー電池（VRFB）†が最も適した領域はほぼなくなってしまいます。

現実的な選択肢は2つだけ

現実的には、揚水発電と空気圧縮は単なる利用コストとは別の理由で導入量を大幅に増やせる状況にはありません。例えば、揚水発電は1本の川に2つのダムを造る必要があるため、自然環境保護の観点から今後大幅に増える可能性は低いでしょう。また、大型の空気圧縮システムは英国など岩塩地帯が多い地域以外では実現が難しいのが実態です。

仮に揚水発電と空気圧縮が使えないとすると、2030年時点

†レドックスフロー電池＝正極材料と負極材料が共に液体で、タンクからポンプを使ってこれらの液体を循環させ、陽イオン交換膜を介してイオン（水素イオン）を正負極間でやりとりすることで充放電する電池。タンクを大きくするだけで容量を比較的低コストで増やせるのが特徴。一方で、出力密度とエネルギー密度が共に低く、かさばるのが課題である。液体材料には正極材と負極材の両方の役目を果たせるバナジウムイオン溶液がよく用いられる。その場合、バナジウムフロー電池ともいう。

でリチウムイオン2次電池と水素/燃料電池が事実上の2強となり、すみ分けの図はほぼ2色に塗りつぶされてしまいます。その場合のすみ分けの境界は放電時間が2日間というライン。これよりも短い時間向けはリチウムイオン2次電池、長い時間向けは水素/燃料電池が使われることになります。

クルマから始まる“蓄電池＋水素”社会

トヨタも蓄電池＋水素社会を想定

こうした推測から、再エネの大量導入時代に使われる蓄電システムは蓄電池と水素/燃料電池のハイブリッドになりそうです。FCVを推進するトヨタ自動車なども、想定するのはEVとFCV、そして蓄電池と水素/燃料電池が共存する「蓄電池＋水素社会」です（**図4-7**）。

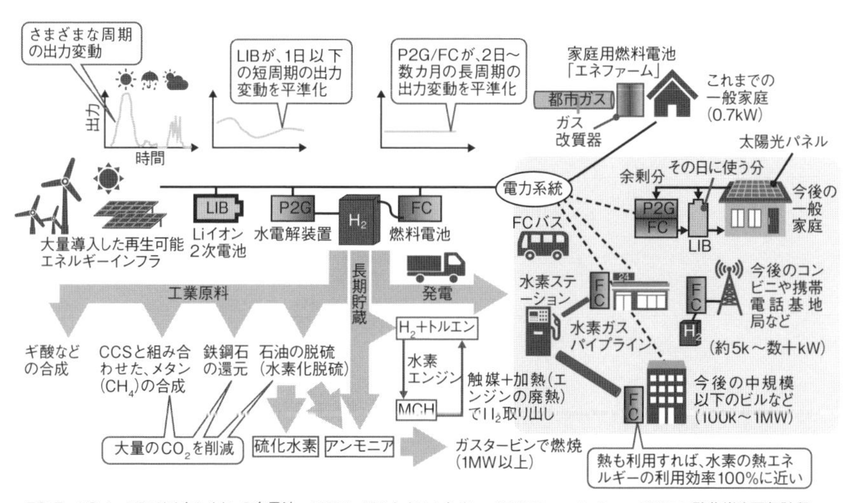

FC:Fuel Cell　LIB:リチウムイオン2次電池　MCH:メチルシクロヘキサン　P2G:Power to Gas　CCS:二酸化炭素回収貯留

図4-7　見えてきた「蓄電池＋水素社会」の全貌

蓄電池と、水の電気分解（水電解、P2G）で水素を製造し燃料電池（FC）で発電する技術を組み合わせて使う社会のイメージを示した。リチウムイオン2次電池（LIB）などの蓄電池は再生可能エネルギーの短期変動の平準化、P2GとFCは長期変動の平準化に使える。電力の余剰分を水素に変えることで再エネを大量に導入でき、電力系統の平準化も実現する。送電線の負担の軽減、需要家による現場（オンサイト）での各種発電、長期貯蔵、さらには工業原料としても活躍する。

数時間、長くて2日までの充放電にはリチウムイオン2次電池に代表される蓄電池、それ以上長い時間スケールでの出力変動への対処や電力貯蔵には水素/燃料電池という具合です。どちらか一方ではうまく機能しません。

ただし、こうした蓄電システムが社会全体に普及にするには時間がかかります。しかも、この2種類の蓄電システム導入には適切な順番があります。まず現時点で早急の対策が必要なのは、太陽光発電など再エネの1日の中での大きな出力変動の平準化で、蓄電池の一択となります。

一方、再エネの電力を数日〜数カ月の単位で平準化する需要や必要性は、再エネによる発電量が、春や秋など電力需要の少ない季節の1日の電力需要量を大きく上回るようになってから出てきます。それにはやや時間がかかるため、まずは蓄電池が中心になる「蓄電池社会」が先に来ることになるでしょう。

もっとも、一部の用途では、実用的なシステムで蓄電池と燃料電池が競い合う例も出てきました。リチウムイオン2次電池で走行するEVと、燃料電池で走るFCVです（**図4-8**）。このEVとFCVを比較検討することで、蓄電池と水素/燃料電池のそれぞれの特徴がより詳しく分かり、有効な使い分けが見えてきます。

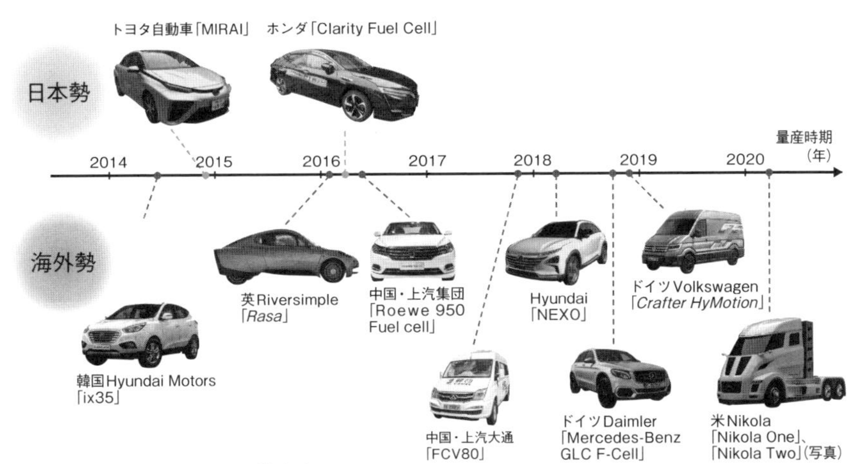

図4-8　日本勢のFCVは停車中？
大型バスを除く主なFCVの納車時期（斜体は量産時期が未公表のFCV）を示した。海外メーカーは2018年ごろから相次いでFCVの量産を始めている。HyundaiのようにFCVをモデルチェンジした例もあるが、日本のメーカーは当初の量産モデル発表以降、大きなモデルチェンジを実施していない。（写真：海外メーカーのFCVは各社）

燃料電池の効率は蓄電池の約1/2

EVとFCVについては以前からしばしば互いに競合するという文脈で語られてきました。特に、2018年前後に中国や欧州でEVに脚光が当たったことからFCVに将来はないといった認識が広がりました。

しかし、筆者はそうは考えていません。確かにEVにはFCVに対して多くの利点があります。その1つが短距離利用の場合、エネルギーの利用効率が高いことです。仮にEVの充電に投入する再エネの電力量を100kWhとすると、発電システムの出力である直流（DC）から交流（AC）への変換で15%のロス、電力系統への逆潮や送電で5%のロス、ACからDCへの変換とEVの電池への充電でまた15%のロス、最後にEVの電池から走行時の放電でさらに10%のロスで、トータルでは約62kWhが走行に使えることになります（**図4-9**）。

一方、FCVはというと、再エネの電力でまず水を電気分解して水素を作らねばなりません。これで25%をロスします。次にその水素を圧縮してボンベに詰めるのに10%分の電力を使います。次に運搬に20%、そしてFCVの燃料電池で発電するのに少なくとも40%をロスします。トータルでは32kWh分しか走行に使えません。EVのほぼ半分です。

これだけみると、エネルギー効率の点ではFCVはEVに対して大幅に非効率で、選択肢になり得ないように思えます。仮に、EVの電池やFCVの燃料電池がまったく動かなければその通りです。

ところが、EVやFCVは乗り物で、移動に使うことが前提です。その移動距離を考慮すると、状況が大きく違ってきます。

EVは短距離走行では、やはり電力の利用効率の点で優位性を保っていますが、走行距離が長くなると急激に効率が下がり、ある距離以上はFCVよりも低くなってしまいます（図4-9（b））。

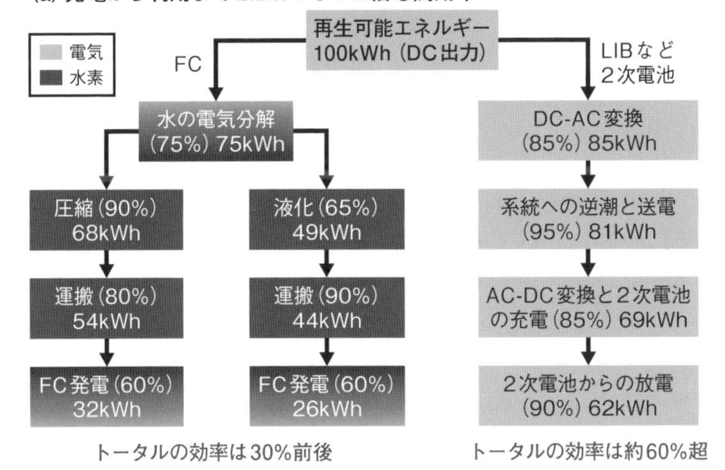

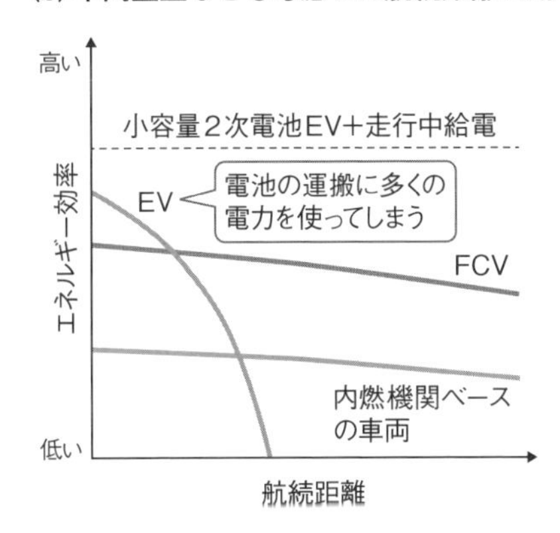

図4-9　電力の一般的な利用効率とクルマでの効率は別

FCとLIBなど2次電池の一般的な電力利用効率をみると、FCはLIBの1/2の効率しかない(a)。これは、FCが電気を水素に変換し、圧縮や運搬、そして再度水素を電気に変換する際の損失が大きいからである。一方、航続距離が異なる車両での電力利用効率をみると、クルマやドローンでは2次電池は重量エネルギー密度が低く、電池自身を運ぶのに電力を費やすため、電池を大量に積んで航続距離を長くすると効率が急低下する(b)。(図:(a)はRiversimpleの資料を基に日経エレクトロニクスが作成。(b)は、Riversimpleの図に日経エレクトロニクスが点線(走行中給電)を加筆)

EVは大人7人分不利

理由は、EVに使われるリチウムイオン2次電池の重量エネルギー密度が燃料電池システムよりも3～5倍低いことにあります。言い換えれば、同じエネルギー容量ではFCVの燃料電池システムよりも3～5倍重いのです。

電池が重いということは、移動時、電池が放電する電力の多くが電池を運ぶこと自体に使われることを意味します。

仮に、電池の容量が米テスラのEVのように100kWhだとすると、その重さは電池だけで推定600k～650kg前後。一方、FCVの燃料電池システムは150k～200kg程度。差は400k～500kgとなります。つまりEVは体重60kgの人7～8人分の重さの荷物をFCVよりも多く積んで走らねばならないわけです。走ればガソリンが減って軽くなっていくガソリン車と違って、EVは電池の電気が減っても1グラムも軽くなりません。EVで走れば走るほど効率が下がるのはこうした理由です。

自重を重力に打ち勝って持ち上げる必要があるドローンの場合は、電源の重量エネルギー密度がもっとはっきりと効いてきます。重量エネルギー密度が低い電池ではほとんど飛び上がることさえできません。最近の重量エネルギー密度が高いリチウムイオン2次電池では飛行はできますが、電池搭載量を増やしても航続時間はほとんど延びません。電池駆動のドローンのほとんどの航続時間が15～30分なのはこうした理由があります。重量エネルギー密度が400Wh/kgを超えてくれば、搭載する電池を増やすことで航続時間も延びるようになるとみられています。ところが、現時点でそうした高い重量エネルギー密度の2次電池は商品化されていません。

EVは充電で大幅に時間をロス

FCVのエネルギー効率がEVを上回るのは、1日の走行距離が100kmぐらいという業界の計算例があります[4-1)]。それ以上の長距離走行ではFCVが有利になるわけですが、長距離走行時でのFCVの優位性はエネルギー効率にとどまりません。1回の走行距離や充電/水素充填にかかる時間がまったく違うのです。

これを、長距離を走るトラックで考えてみます（**図4-10**）。典型的な電気駆動のトラック（EVトラック）は電池を約600kWh積んで9割充電すれば、時速100kmで約4時間走ることができます。ただ、その後は充電が必要です。仮に150kWの超急速充電で充電すると9割までの充電に約3時間半かかります。これを繰り返すと、19時間で1200km走れるわけです。

もっとも、150kWでの超急速充電システムは日本ではまだほとんど普及しておらず、普及済みの50kW充電だと1回の充電に10時間以上かかります。充電ステーションが混んでいて、充電待ち行列に並ぶような場合、行列の順番×充電時間1回分の時間がかかるわけです。

一方、燃料電池駆動のトラック（FCトラック）には1回の

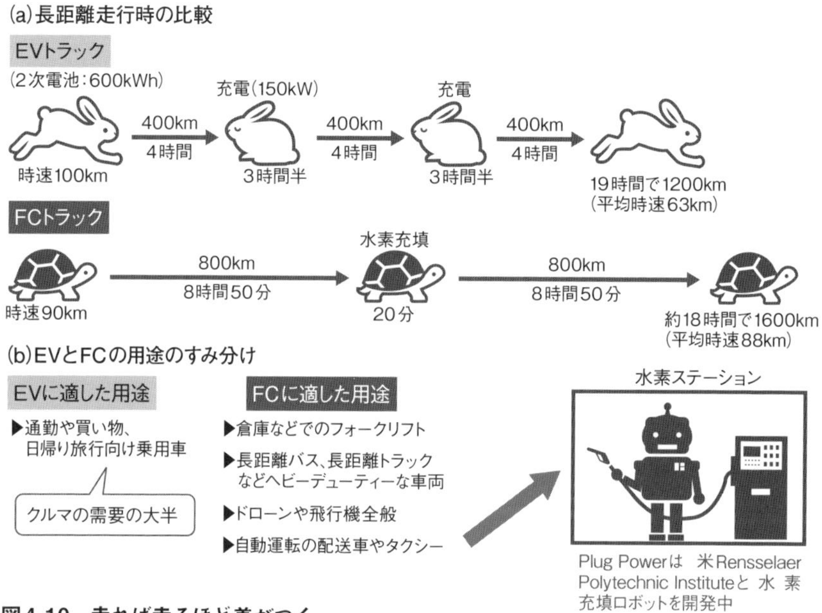

(a)長距離走行時の比較

EVトラック
(2次電池：600kWh)
時速100km
400km
4時間
充電(150kW)
3時間半
400km
4時間
充電
3時間半
400km
4時間
19時間で1200km
(平均時速63km)

FCトラック
時速90km
800km
8時間50分
水素充填
20分
800km
8時間50分
約18時間で1600km
(平均時速88km)

(b)EVとFCの用途のすみ分け

EVに適した用途
▶通勤や買い物、日帰り旅行向け乗用車
クルマの需要の大半

FCに適した用途
▶倉庫などでのフォークリフト
▶長距離バス、長距離トラックなどヘビーデューティーな車両
▶ドローンや飛行機全般
▶自動運転の配送車やタクシー

水素ステーション
Plug Powerは 米Rensselaer Polytechnic Instituteと 水 素充填ロボットを開発中

図4-10　走れば走るほど差がつく

EVトラックとFCトラックの利用時の違い（a）。EVトラックは一般に速度は比較的速いが航続距離が短い。しかも、既存の充電設備では充電に3時間半以上かかる。長距離走行では充電時間が大きなロスになる。一方、FCトラックはたとえ走行速度が遅くても、航続距離が長く水素充電にも15～20分しかかからない。結果、平均時速はFCトラックに軍配が上がりやすい。用途のすみ分けでは、街乗りなど長い航続距離が不要な用途では、充電機会が多く、電力利用効率の高いEVが有利（b）。一方、ヘビーデューティーと呼ばれる用途やドローンなど電池の重量エネルギー密度が重要な用途、および24時間走行の自動運転タクシーなどではFCVの一択となる。最近は、自動運転車用に、水素ステーションにおいて人を介さずに水素を充電するためのロボットの開発も始まった。

水素充填で航続距離が800kmという車両があります。そして燃料（水素）が空になっても、再度フル充填するのに約20分しかかかりません。これを繰り返すと、約18時間で1600km走行できます。EVとの差は歴然です。特に業務で長距離走行する場合、EVという選択肢は事実上ないのです。

と書くと、テスラが2021年に出荷予定のEVトラック「Semi」は何だと指摘を受けそうです。テスラはこのSemiの発表と同時に、独自の1MW（1000kW）で充電できる充電システムの開発も発表しました。これなら電池容量が600kWhでも約40分で満充電にできます。ただ、1MWは日本では「高圧電力契約」が必要で、工場や比較的大型のビルで使うような電力です。この規模の充電ステーションをあちこちに設置するのは容易ではないでしょう。

実はハイブリッド化が進行

短距離走行ではEVが圧倒的に有利、長距離走行ではFCVが圧倒的に有利。であれば、1日の走行距離が短い街乗り用のクルマはEV、長距離トラックなどはFCVと、距離によってすみ分けるのも選択肢の1つで、実際、そうなりつつあります。昨今のEVの勢いは、クルマの需要の多くが街乗りであることも関係しているのでしょう。

しかし、クルマの魅力は電車などと違って、行きたい場所に行きたい時に行けるという点で、それこそがわざわざ高いお金を払ってクルマを買う大きな理由だったという人は多いはずです。普段は街乗りでも、たまには長距離ドライブをしたくなるわけです。それがうまくできないEVがガソリン車の代わりに果たしてなるでしょうか。

これに対する「解」の1つは、ハイブリッド化、つまり両方を搭載して距離などによって使い分けることです。そして実際、FCVのほとんどは実は既にハイブリッドなのです（**図4-11**）。

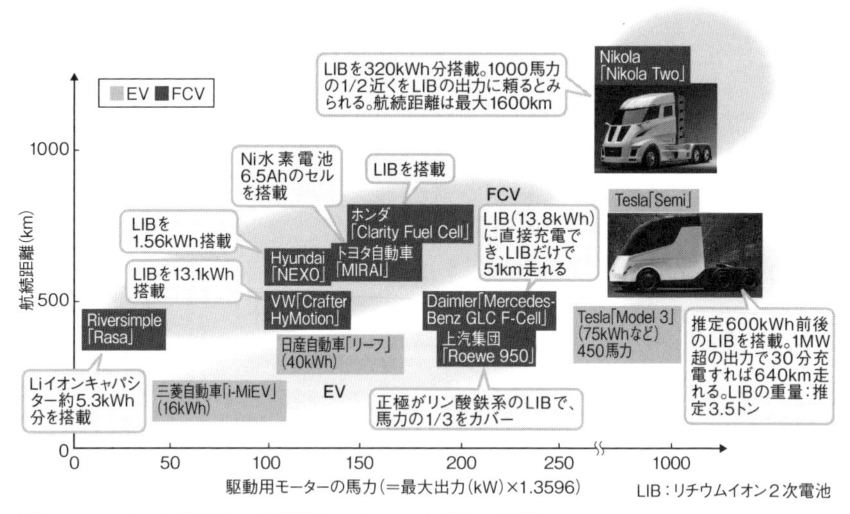

図4-11　FCVの多くは2次電池とFCのハイブリッド型

発売または発表されたEVやFCVを馬力と航続距離で分類した。FCVは同程度の馬力のEVのおよそ2倍の航続距離性能を備えている。ただし、最近のFCVは小型EVと同程度の容量の2次電池を搭載しており、2次電池とFCのハイブリッドシステムで駆動している。（写真：各社）

日本のFCVが利用している蓄電池の容量は小さいのですが、ドイツのフォルクスワーゲン（VW）や同ダイムラーのFCVは少し前のEVかと思うほどの大容量の蓄電池を積んでいます注4-2)。米ニコラのFCトラックは蓄電池とのハイブリッド型であることを最初からアピールしています。ニコラ CEOのトレバー・ミルトン氏は「ハイブリッドにした方が電力をより効率的に使える」と述べています。

具体的には、蓄電池は短距離では効率が高い上に、出力（馬力）が大きくて大きな加速性能を得るのに向く一方、燃料電池は航続距離を延ばすのに適しているという特徴がそれぞれあります。実際、FCVは同じ馬力のEVの約2倍の航続距離があります。

短距離も長距離も走りたいクルマで最適な電源システムを考えると必然的に蓄電池と燃料電池のハイブリッドになることは、電力系統でのこれらの蓄電技術の利用を考える上でも重要なヒントになるといえます。

注 4-2）名前はたとえ FCV でも、EV が燃料電池も搭載してハイブリッドになっているともいえる。

蓄電池で水素も安くなる

再エネ由来の水素に価格競争力がない

話を電力系統の蓄電システムに戻します。蓄電システムを蓄電池と水素/燃料電池のハイブリッドにすることは、他の競合システムに対してコスト競争力を持ち得る経済合理性を確保する観点からも実は重要です。

第3章で紹介したように、リチウムイオン2次電池は、既に価格が大幅に下がり、今後はEV向けの大量生産が見込めることでさらに価格が下がる見通しです。結果、放電時間が比較的短い用途では電力系統に導入する場合でも経済合理性が成り立つケースが出てきています。

一方、再エネの電力で水を電気分解して製造する水素は、これまでは天然ガスなど化石燃料から水素を製造する場合に比べて割高で、経済合理性が成り立たないといわれてきました。「電力の長期貯蔵手段」としては、図4-6で紹介したようにコスト的にも優位性があるのですが、再エネで製造した水素には、競合技術に対してコスト競争力がまだないのです。

水素価格を現状の1/5に

ただし、現時点ではその競合技術である天然ガス由来の水素自体、FCVや発電に本格的に使うことを考えるとまだまだ高コストです。

具体的には現在、日本に計100カ所超あるFCVに水素を充填できる設備「水素ステーション」では、水素が約100円/Nm^3（1120円/kg）で提供されています。EVの利用者にとって「ハイオクガソリンとほぼ同じ燃費感となる価格」（日本自動車会議所）です。ところが、実はこれは実際の水素の市場価格ではなく、経済産業省が推進する水素社会実現のための事実上の公定価格です[注4-3]。利益が薄くても値上げできない状態です。

FCVの購入を検討する利用者にとって、FCVの価格の高さは補助金などである程度吸収できるにしても、水素ステーションが非常に少ないという不便さは当面避けられません。その状況で、水素の価格がガソリン並みといわれても、わざわざFCVを選ぶ気持ちにはなかなかなれないでしょう。一方、水素の燃費がガソリンよりもずっと安いのであれば、多少の不便は我慢してもFCVが選択肢に入ってくるでしょう。その意味

注4-3）JX日鉱日石エネルギーによる検討では、水素ステーションにおける水素の供給コストは2010年時点で138円/Nm^3。現在は、これよりは下がっているもようだ。

で、水素の価格がガソリンよりも大幅に安くなることが、FCVとその先の水素社会実現の必須条件といえます。

つまり、水素の価格がガソリン並みではまだまだ高いのです。ましてや発電に使おうとすると、100円/Nm^3の水素を用いた発電コストは、「約52円/kWhに相当する」(資源エネルギー庁)[4-2]水準で、現在の家庭向け電気料金の約2倍と割高になってしまいます。

水素の調達コストが高い理由の1つは、まず水素の製造方法にあります。これまで水素の製造は天然ガスを改質する方法が主軸でした[注4-4]。ところがこれでは、CO_2の排出は減らせず、しかも天然ガスよりも低コストにはなり得ません。

経済産業省は2030年に水素の価格を30円/Nm^3、その先は20円/Nm^3に下げるとしています。上述の100円/Nm^3が発電コスト52円/kWhに相当することを基にすると、30円/Nm^3ならば発電コストは15.6円/kWh、20円/Nm^3ならば同10.4円/kWhで、既存の発電源のコストに対して価格競争力が出てきます。猛烈に安いわけではないですが、電力を平準化でき、しかもこれまでできなかった、“電力”の長期間備蓄や送電線に頼らずに運搬できるようになる付加価値と併せて考えれば総合的

注4-4) このほかには、水を電気分解する方法や鉄の精錬工場などで発生する水素を回収するなどの調達ルートがある。

な競争力は十分高いといえます。

その実現手段として同省が描く低コスト化のメインシナリオは、オーストラリアで大量に産出する安い褐炭を改質して、水素を製造して日本に輸入するというものです。

資源エネルギー庁によれば、2019年時点の実証実験での褐炭から水素を取り出すコストは数百円/Nm^3。ただし、2022年には12円/Nm^3が見込めるそうです[4-2]。数十分の1のコストダウンをわずか3年で、というのは驚きますが、生産規模を少量から大幅に増やせばあり得ないことではありません。

もっとも、褐炭からの水素製造は水素製造と同時に発生するCO_2を固定化して半永久的に貯蔵するCCS（Carbon dioxide Capture and Storage、二酸化炭素回収貯留）システムの現地（オーストラリア）での実用化とセットで進める必要があります。実際、経済産業省とNEDOが北海道苫小牧市で大規模CCSの実証実験を進めています。

環境省のコスト試算によれば、石炭を用いた火力発電におけるCCSのコストは、CO_2 1トン当たり約8000円[4-3]。褐炭の化学式が不明ですが、仮に純粋な炭化水素（$C_{n+2}H_{2n+6}$）だと仮定すると、CO_2 1トンに対して509～764Nm^3の水素が製造できます。つまり、水素1Nm^3当たりのCCSのコストは、10.5～

15.7円/Nm³。褐炭が非常に安いのであれば、CCSのコストもこれより抑えられるでしょう。水素製造コストの12円/Nm³が実現できるのであれば、販売マージンを考慮しても合計で30円/Nm³以下は実現できそうです。

ハイブリッド化で30円/Nm³以下に

本題はここからです。つまり、本書のテーマである、大量導入した再エネの電力と水電解装置で水を電気分解して水素を製造する方法で、化石燃料由来の水素にコスト競争力を持ち得るかどうかです。

再エネと大型の水電解装置は、本章で紹介したように、既に福島県で一定規模のプラントが稼働しました。シンプルに考えれば、再エネを大量導入して発電コストが十分に下がれば、水素の価格も下がってくるはずです。

ところが、これはちょうどニワトリとタマゴの関係にあります。つまり、再エネの大量導入には安い水素が必要ですが、水素の大量導入には安い再エネが必要になります。再エネがまだ安くなりきっていない日本では特にそうです。このままでは再エネ（ニワトリ）が先か、水素（タマゴ）が先かと議論しているうちにどちらも生まれなかった、ということになりかねません。実際、具体的なコスト解析ではごく最近まで、再エネの電力で作る水素にはコスト競争力がないとされていました。

この課題を解いてくれそうなのが、水素の製造に水電解装置と蓄電池を組み合わせたハイブリッドシステムを使う手法です

(a) 蓄電池による出力平準化で設備コスト減と稼働率向上

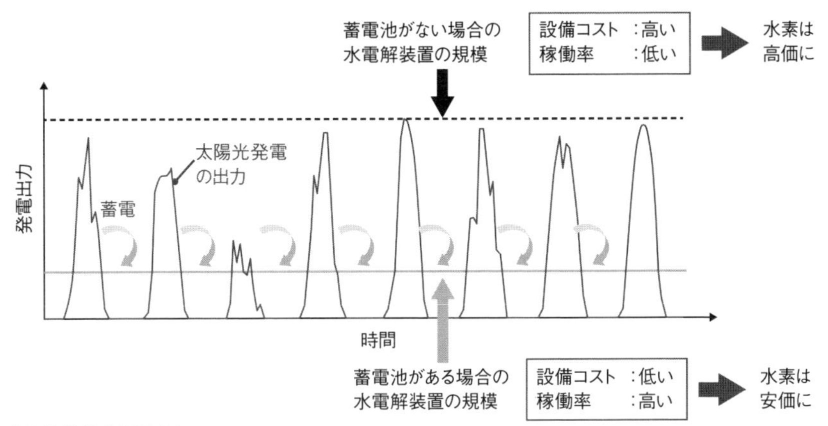

(b) 具体的な試算例

試算上の主な仮定
(2030年ごろに実現可能とされる値)

▶太陽光発電のコスト　:7円/kWh
▶蓄電池システムの導入コスト　:2万円/kWh
▶水電解装置の単位投入電力
当たりのコスト　:5万円/kW
▶装置の耐用年数　:10年

試算結果の例

水素の価格として、ガソリンの1/3の30円/Nm^3が実現可能に(現在は100円/Nm^3)

Nm^3:0℃、1気圧での気体の体積

図4-12　水素の製造コストは蓄電池で安くなる

物質・材料研究機構(NIMS)と東京大学の研究者による、P2G/FCを蓄電池と組み合わせて使うことの必然性を示した。LIBなど蓄電池による平準化なしでは、水電解装置は再生可能エネルギーの発電ピーク値に合わせた規模の設備を導入する必要がある。ただ、この場合は水電解装置の設備稼働率が低いため、投資回収が大幅に遅れ、水素の製造コストは高止まりする。一方、蓄電池で出力変動を低減した上で水電解装置を利用すれば、少ない規模の設備を高い稼働率で利用でき、投資分を短期に回収できる。結果として水素の製造コストが下がる(a)。こうした組み合わせを利用すれば、2030年ごろの水素の価格は、ガソリンに対してコスト競争力がある30円/Nm^3前後を実現できる見通しだ(b)。(図:(a)はNIMS/東京大学の資料を基に本誌が作成)

（**図4-12**）。これは、物質・材料研究機構 ナノ材料科学環境拠点 技術統合ユニット ユニット長の古山通久氏と、東京大学 国際高等研究所 サステイナビリティ学連携研究機構 准教授（当時）の菊池康紀氏が2018年12月に発表した論文[4-4]に基づきます。その概要は以下の通りです。

仮に蓄電池を導入せずに再エネ、具体的には太陽光発電の余剰電力で水電解装置を稼働させることを考えます。余剰電力は、太陽光発電の出力のうち電力の需要を超えた分で、その電力料金は電力市場ではほぼタダ、もしくはマイナスです。

ただし、水電解装置にはもちろん導入コストがかかります。しかも、水素の製造量を最大化するには、太陽光発電のピーク出力に合わせて水電解装置を導入することになります。ところが、太陽光発電が稼働しているのは晴天時でも8～10時間ほどしかなく、しかも太陽光発電の電力が余剰になる時間となると当初は1時間程度ということもあり得ます。すると、水電解装置の設備稼働率は少なくとも導入当初は5%前後と非常に低く、利用コストが高止まりします。結果、水素の価格も高止まりします。

一方、蓄電池も同時に導入して太陽光発電の1日の出力変動を平準化すると、必要な水電解装置は大幅に少なくて済み、しかも稼働率が大きく高まります。これは同装置の導入コストのより短期間での償却、もしくは利用コストの低減につながります。すなわち、水素の製造コストが低減します。古山氏と菊池氏の論文では、2030年ごろに水素の価格をガソリンの1/3弱相当となる30円/Nm^3にすることも十分可能という試算結果になりました。しかも、「その先はさらに安くなる」（古山氏）といいます。

オーストラリアの褐炭が安いといってもやはり化石燃料。再エネ由来の水素で十分やっていけるのに、わざわざ特定地域の化石燃料にエネルギーを依存するようなことはできれば避けたいものです。

“運べる電気”で送電線増設を回避

水素は十徳ナイフのように便利

電力を水素の形で貯蔵するメリットは、電力の平準化以外にもあります。(1) これまでも触れてきたようにFCVの燃料になる、(2) 災害時など向けの非常用備蓄ができる、(3) 電気の運搬が容易になる、(4) 水素を基にさまざまな化学材料の合成ができる、(5) 石油や鉄鉱石の精製に使うことでCO_2の排出を大幅に減らせる、(6) (1) ～ (5) といった電気以外の使い道を広げることで、逆に再エネの大量導入に対する制限が事実上なくなり、電力はもちろん、それ以外のエネルギーコストの大幅低下が進む、といったことです。

(1) のFCVが本格的に普及し始めれば、再エネの余剰電力で作る水素だけでは足りなくなる可能性もあります。おそらく褐炭由来と再エネ由来の水素を総動員して生産することになるでしょう。ただ、それは早くても10年以上後になりそうです。

水素のままでは長期貯蔵できない

(2) の非常用備蓄は、電力平準化の延長にあるともいえますが、常温常圧での水素ガスのままの備蓄はあまりに体積が大きいために非現実的です（**図4-13**）。

実は、圧縮してボンベに充填する手法は、数カ月なら問題ないのですが、1年を超える長期貯蔵にはあまり向きません。水素がボンベの壁から少しずつ染み出して逃げていくからです。

水素原子はすべての元素の中で最も小さく、これを100％捕まえておける容器はありません。水素ガス、つまり水素分子であれば可能性が出てきますが、700気圧や820気圧といった超高圧でボンベに充填するとやはり一定の割合で漏れていきます。水素ガスを極低温に冷却して液体にする手法は、電力を使うのでやはり長期貯蔵には向きません。このため、長期貯蔵には、常温常圧で貯蔵でき、体積も非常にコンパクトになる材料に変換することが必要です。

そしてこれは、(3) の運搬を容易にする方法でもあり、同時に (4) の化学材料の応用とも深く関係しています。

再エネで“アンモニア社会”に道

長期貯蔵に使う化学材料の最有力候補の1つが、アンモニア（NH_3）です。再度水素に戻しやすい材料としては、最もコンパクトになります。ところが、今までは水素に代わる電力備蓄材料としてアンモニアを使うことは現実的ではありませんでし

(a) さまざまな高密度化/貯蔵技術

アンモニアは最もコンパクトになるが、合成に大きなエネルギーが必要。窒素酸化物(NO_X)が出ない燃焼技術を開発中

水素は常圧では－253℃以下で液化。運搬には優れているが、極低温を保つ必要があり、長期保存には不適

70MPa(700気圧)で圧縮した高圧水素で、FCV向け規格の1つ

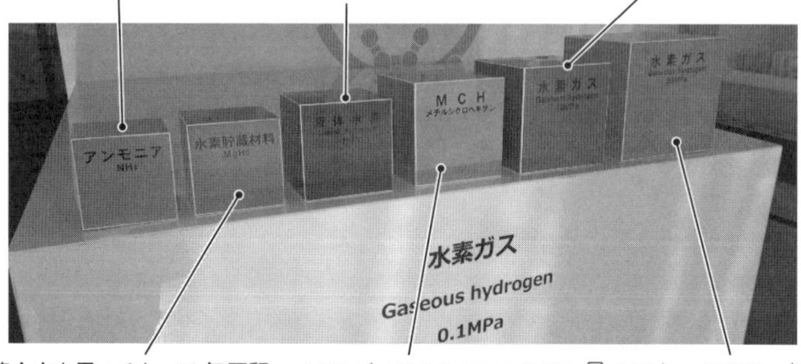

水素吸蔵合金を用いると、10気圧程度の圧力と室温～数十℃の温度制御で水素を出し入れできる。多くの材料が重く、車載には不向き。材料コストの低減と充填に伴う微粉化の抑制、充填密度の向上などが課題

MCH(メチルシクロヘキサン⬡-CH_3)は、トルエン(⬡-CH_3)に水素を付加して合成。加熱するとH_2を放出してトルエンに戻る。加熱に燃焼熱を利用できる水素エンジンでの利用を想定

35MPa(350気圧)で圧縮した高圧水素で、FCV向け規格の1つ。FCバスなどでは標準的

(b) トヨタ自動車「MIRAI」の70MPaタンク

FCスタック
(出力:114kW)

水素タンク
(水素容量:タンク2本で計5kg、水素重量割合:5.7wt%)

図4-13　水素の高密度化/貯蔵技術も使い分けに

1気圧(0.1MPa)の水素1m^3(白い容器)に対して、水素の高密度化/貯蔵技術でどの程度、コンパクトになるかを示した産業技術総合研究所の展示(a)。この中ではアンモニアが最もコンパクトになる。それぞれの技術で長所や課題があり、用途に応じて使い分けることになる。トヨタ自動車のFCV「MIRAI」は、圧力が700気圧(70MPa)の水素タンク2本を後部座席の下と後ろに設置している。タンクの容積は大きいが、充填可能な水素は2本で計4.6kg(51.5Nm^3)である。

た。水素からアンモニアへの変換に膨大なエネルギーが必要だったからです。

これまでアンモニアは、天然ガスを分解して水素を製造し、その水素を大気中の窒素と共に400℃前後の高温と100気圧以上の高圧の炉で反応させることで、製造されていました。いわゆるハーバーボッシュ法で、大量のエネルギーが必要です。

それでもずっと利用されてきたのは、アンモニアが農業に使う化学肥料の合成に必要だったからです。この肥料が人類の食糧難を救い、人口の大幅増加にもつながりました。アンモニアは主にこの目的で年間1億7000万トンも生産されています。ただし、そのために消費する化石燃料や排出されるCO_2は無視できないほど多いのです[注4-5)、4-5)]。水素の備蓄のために大量のエネルギーを消費し、大量のCO_2も排出するのは本末転倒です。

常圧かつ50℃以下でも合成可能に

ところが最近になってこの課題を解決する技術が続々と開発され、ほとんどエネルギーを使わず、CO_2も出さずに水素からアンモニアへの変換が可能になりつつあります。

注4-5）これまでは、天然ガスから水素を作る段階でCO_2が排出され、さらにその水素からアンモニアを合成する際に大量のエネルギーを使うことでCO_2が排出された。このため、アンモニアの製造で必要になるエネルギーは世界のエネルギー需要量の2%を占める[4-5)]。また、排出されるCO_2は、世界の総排出量の3%に達していると見積もられている。

これまでは、この変換時のエネルギーを低減したところで天然ガスから出るCO_2は止められませんでした。一方、再エネ由来の水素であれば、水素製造も含めたアンモニアの製造プロセス全体でのCO_2を大幅に減らせる可能性がでてきます。この道筋が出てきたことが研究者を刺激したようです。

この研究で世界をリードしているのは日本です。特に東京工業大学 科学技術創成研究院 教授の原亨和氏の研究室は2020年4月に、常圧かつ50℃以下の低温でも水素からアンモニアを合成できる触媒を開発したと発表しました[5)]。ハーバーボッシュ法に比べて極めて少ないエネルギーでアンモニアの合成が可能になるわけです。

原氏は既に秋田県大潟村などでの量産計画も進めています。現実的には50℃、常圧よりも「収量が多い100℃、10気圧ほどでの合成を目指している」（原氏）そうです。水の沸点である100℃なら設備運用が楽なこと、10気圧は輸送しやすい液化アンモニアの生成に必要であることなどが理由です。設備が扱いやすくなれば、さまざまな場所に合成装置を置けます。例えば、農村に設置し、「肥料が必要な時期は肥料の原料に、それ以外の時期はエネルギー源としてアンモニアを貯蔵する」（原氏）といった運用が考えられるといいます。

水素からアンモニアへの変換に多くのエネルギーを使わず、

しかもCO_2も出さないとなれば、取り扱いが難しい水素に代わってアンモニアを電力の貯蔵や運搬、エネルギーの流通全般に使うことにも可能性が出てきます。実際、研究開発の場では、アンモニアを再び水素に戻す技術やアンモニアを燃料とする燃料電池も既に開発されています。

産業技術総合研究所はアンモニアを燃料として火力発電のタービンを稼働する実験も始めています[注4-6]。水素社会は実は「アンモニア社会」であるといえるかもしれません。

ほかの材料候補もある

水素に代わって流通させやすい化学材料の候補がもう1つあります。水素とトルエンを合成してできるメチルシクロヘキサン（MCH）という材料です。トルエン、MCH共に常温常圧において液体で、体積は常温常圧の水素ガスの1/500と、アンモニアに次いでコンパクトです。引火しやすいという課題はありますが、引火点は4℃。－40℃以下のガソリンほどではありません。取り扱い上のカテゴリーとしては危険物第4類第1石油類なので、既存の石油流通インフラが利用可能です。水素からMCHへの変換も、MCHから水素への変換も比較的容易で、その技術は千代田化工建設などが開発済みです。

注4-6）現時点では、アンモニアを燃焼させると多少なりとも排出される窒素酸化物（NO_x）をどこまで低減できるかが重要な研究テーマになっている。

再エネの天国からの電力輸入も容易に

こうして常温常圧で長期貯蔵や運搬が容易な化学材料に変換できれば、再エネのさらなる大量導入に大きな展望が開けます。送電線の大量増設が不要になるからです。

送電線は電気を瞬時に送れる便利な設備ですが、敷設に相当のコストと10年単位の時間がかかります。国内の再エネの適地、あるいは海外などの遠方から電気を送電できれば日本や世界の電力問題の多くが解消しますが、長大な電力ケーブルを敷設する難しさがそれを阻んできました。

例えば、日本の陸上風力発電の資源量が多い、つまり風況の良い場所は北日本に極端に偏っています。ところが、仮にそこに風力発電設備を大量に敷設しても、現状では送電線が脆弱で、東日本以西の地域に送電することができません。第2章で触れたように、送電容量についての考え方を変えることで最大2倍程度の容量を増やせる可能性がありますが、再エネの大量導入時代に現状の2倍では足りないのです。

こうした話は世界規模でもあります。アフリカのサハラ砂漠に太陽光発電や太陽熱発電の設備を大量導入して、その電力を欧州や日本に送電する計画は10年以上前からしばしば話題になります。サハラ砂漠のわずか1.2%、約335km四方で発電するだけで世界の電力需要が賄えるという試算もあります[注4-7]。

ところが、話が一時盛り上がっても、度々訪れる不況による送電線建設の資金不足、あるいは送電線の経路となる国・地域の政情不安などに直面して計画があえなく消えていってしまうのです。

一方、送電線に頼らず、発電と同時に水素やその他の材料に変換すれば、あとはタンカーなど船舶で世界各地に低コストで運搬でき、送電問題は解消します。

再エネに適した地域はサハラ砂漠以外にも多数あります。日照量で世界最高水準といわれる南米チリのアタカマ砂漠や、オーストラリアも太陽光発電に非常に適しています。風力発電ではチリとアルゼンチンにまたがったパタゴニア地方などが注目されています。同地方は面積が47万km^2と日本よりも大きな平原が広がる地域で、しかも平均風速9m/sの風が吹いて風車の設備稼働率は推定45%以上と、風力発電にとっては夢のような土地です。発電ポテンシャルは定格出力で2TW。年間総発電量は1万TWhで日本の全消費電力量の10倍を見込めます[4-6]。

注 4-7）これを検証すると、仮に変換効率 20%の太陽光発電を利用する場合、335km 四方では（太陽光パネルの影が互いに当たらないように間隔を空けて設置して）定格約 6TW の出力を見込める。日照時間が長いので、設備稼働率が他の半砂漠地域と同等の 30%だと仮定すると、年間発電量は 5.26 万 TWh。一方、現時点の世界の年間電力需要量は 3 万 TWh（30 億 kWh）弱。国際エネルギー機関（IEA）の「World Energy Outlook 2018」によれば、2040 年には 4.3 万 TWh になると予測されている。5.26 万 TWh はこれを十分上回る。

こうしたユーラシア大陸とは遠く離れた大陸では、送電線を日本まで敷ける可能性はほぼゼロなので、発電した電力を水素などに変換するしか選択肢がありません。

逆にいえば、電力の運搬手段として水素などを想定すれば、第2章で触れたような、狭い日本で太陽光発電や風力発電に使える土地がどれぐらいあるか、といった議論がほとんど意味をなさないぐらい、日本が利用できる再エネの資源量は大幅に増えるのです。

海上で発電してその場で水素も製造

さらには、洋上風力発電も送電線が課題となっている再エネです。これも、風力発電システム内に水素製造施設も組み込んでしまい、発電と同時に海水を電気分解して水素、もしくはアンモニアに変換することで送電線が不要になります。製造した水素などは船などで定期的に回収すればよいわけです。

こうなると、再エネの資源量に上限は事実上なくなります。

そして需要の上限も実はほぼありません。再エネには、単なる電力供給手段を超えた、エネルギー全般、さらにはさまざまな化学材料の資源供給元になる可能性が拓けるからです。

既に、パタゴニアでの風力発電の電力で水素を製造し、その水素とCO_2からメタン（天然ガス）を合成して日本に輸入する、といった計画が検討されています[4-7]。実現すれば、これまで天然ガスを採掘してそれを水素に換えていたのとは順序が逆転する上に、天然ガスは実質的にCO_2排出ゼロの「再生可能天然ガス」となります。

“井の中の同時同量”大海を知らず

こうして一度、蓄電池＋水素社会という航海にこぎ出してしまうと、再エネが蓄電池や水素の需要を作り出し、その需要がさらに安い再エネにつながり、それがさらに再エネの大量導入と需要拡大につながっていく上限のない正の循環が回りだすでしょう。井の中の蛙のような狭い世界で発電事業者がガチガチの同時同量を守らされていた計画経済とはもはや別世界です。

しかも電力需要を超えて再エネが増えることは、単なる化石燃料の代替を超えて、CO_2の排出を大幅に抑制することにもつながります。上で触れた再生可能天然ガスがその具体例です。また、(5)で触れたように石油の精製やこれまでコークスを使っていた鉄鉱石の還元に水素を使うことでCO_2の排出は大幅に減ります。CO_2の代わりに排出されるのが水（H_2O）になるからです。

参考文献

4-1） Hydrogen Council, "How hydrogen empowers the energy transition, Jan. 2017.

4-2） 資源エネルギー庁 新エネルギーシステム課 水素・燃料電池戦略室「水素・燃料電池戦略ロードマップの達成に向けた対応状況」、2019 年 6 月 25 日．

4-3） 環境省の調査資料（https://www.env.go.jp/earth/ccs/h26mat05.pdf）の図3-3.

4-4） Kikuchi, Y. et al., "Battery-assisted low-cost hydrogen production from solar energy: Rational target setting for future technology systems, "*International Journal of Hydrogen Energy*, vol.44, Issue 3, pp.1451-1465, 15 Jan. 2019.

4-5） Hattori, M. et al., "Solid solution for catalytic ammonia synthesis from nitrogen and hydrogen gases at 50℃, "*Nature Communications*, vol.11, Article number: 2001 (2020) .

4-6） 太田、「パタゴニアの風とグリーン水素」、http://www.nissan-arc.co.jp/partner/category/vol-232.

4-7） 西村ほか、「大規模風力発電電力利用水電解水素と CO_2 のメタネーションで製造した燃料の変換・輸送モデルの概算評価」、『日本エネルギー学会誌』、96 巻 9 号、pp.400-407、2017 年．

第5章

省エネ技術編

2050年、電気料金1/10の実現へ

――その先には再エネ100%社会も可能に――

再エネの大量導入は100年続く

既に2050年のモジュール価格を達成

再生可能エネルギーを蓄電池と水素/燃料電池と併せて大量導入していくことで、電力系統が同時同量則と計画経済の檻から解き放たれ、発電の自由を謳歌できるようになります（**図5-1**）。すると必然的に、電力供給が増えて電気料金の引き下げにつながります。そして電気料金が下がれば、再エネの発電コストが下がりそれがさらなる電気料金の低減につながる正の循環が回りだします。これだけだと電力市場は大幅縮小ですが、電力が格安になることで消費電力量は当然増大するでしょう。

これまでみてきたように、早ければ2050年前後から日本を含む世界で、電力需要量の大部分を再エネで賄うことができるようになり、発電における化石燃料の消費量も大幅に減り、二酸化炭素（CO_2）排出量の大幅削減につながります。同時に、2050年には日本や欧州の再エネ由来の電気料金も約3円/kWhと現在の約1/10を実現している可能性が高いといえます。

例えば、太陽光発電の世界における累積導入量は国際再生可能エネルギー機関（IRENA）の予測で2050年には8500GWpに達します。これを太陽発電の導入コストの低減を示すスワンソ

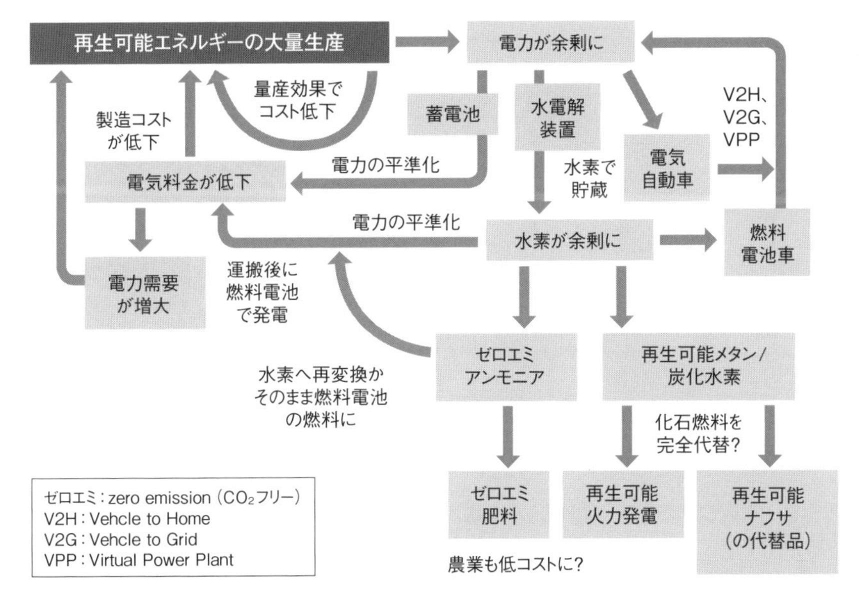

図5-1　再エネの大量生産がすべてのエンジンに
再生可能エネルギーの大量生産によって拓けるエネルギー新時代の全体像を示した。当初は電力供給が主な目的だが、さらに再エネの供給が続くと余剰分を水素に換えることで応用が広がる。幾つかあるループ構造はすべて電気料金や水素などのエネルギーのコスト低下につながり、それがいっそう再エネの量産とコスト低下を促すという正の循環を回す。少なくとも、石油を含めた化石燃料の完全代替までは量産のペースを緩める必要がない。

ンの法則に当てはめると、太陽光モジュールの価格は1Wp当たりで25円前後です。ドイツのフラウンホーファー研究機構はこれを基に、2050年の太陽光発電の発電コストを1.8～2.8円/kWh（楽観的シナリオ）と2014年に推測しました（**図5-2**）[5-1]。これは中東や米国の半砂漠のような地域ではなく、ドイツにおける予測値なので、日本でも実現可能でしょう。

ただ、フランフォーファー研究機構はこの予測を「かなり保

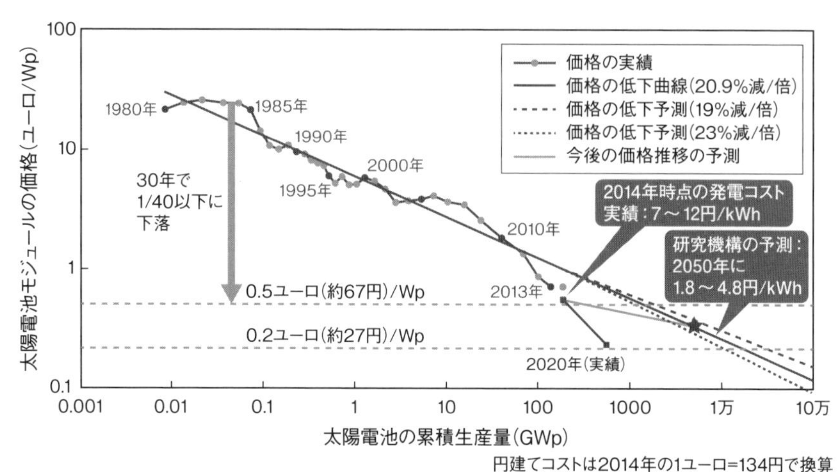

図5-2　太陽光発電コストは2050年の欧州で1.5円/kWhに現実味

太陽光発電のスワンソンの法則について、ドイツのフラウンホーファー研究機構による2014年時点の実績と今後の予測を示した。2014年時点の太陽電池モジュール価格は、それまでのスワンソンの法則からかなり下振れしている。フラウンホーファー研究機構は今後は価格低下のスピードが鈍り、法則の水準に戻るとして2050年時点の発電コストを推定した。スワンソンの法則は太陽電池の累積生産量が2倍になると2割安くなるというものだが、楽観的なシナリオで23%減/倍、悲観的シナリオでは19%減/倍と幅を持たせて予測した。結果は、1.8～4.8円/kWh。ところが2020年時点でモジュール価格は既に0.2ユーロ/Wpをほぼ達成しており、同研究機構の楽観的シナリオを大きく超えて低下している。発電コストは2050年よりもかなり前に2円/kWhを割り込みそうだ。(図:フラウンホーファー研究機構の資料を基に日経エレクトロニクスが加筆して作成)

守的な予測」と述べています。というのもこの数年、太陽電池モジュールの価格はスワンソンの法則を大きく超える勢いで下がっており、既に25円/Wpをほぼ達成してしまっています。一方、フラウンホーファー研究機構の予測では、従来の価格低下のペースに戻ることを前提にしているので「かなり保守的」なのです。

技術的な観点からみた太陽電池モジュールの価格は近い将来

15円/Wpを達成し、しかもさらに大きく下がっていく可能性が高く、価格低下のペースがさらに加速する可能性さえあります。発電コストは太陽電池モジュールの価格だけでは決まりませんが、太陽電池モジュール以外のコスト（BOS）も大きく下がると予測されており、2050年に1円台前半/kWhになるのは確実といってもよい状況です。

2050年に3円/kWhは十分実現可能

もちろん、ここまで太陽光発電を大量に導入するには蓄電システムの大量導入も必要で、そのコストも加算する必要があります。ここで詳細な試算は避けますが、第3章で触れたロサンゼルスに近いモハーベ砂漠での導入例で既に大容量蓄電池の利用コストが既に1.965米セント/kWh/回であることや、2030年には蓄電池のコストが現時点の半分になる見通しであることを考慮すると、2050年には大容量蓄電池の利用コストが欧州や日本で1円前後/kWh/回になると予測するのも無理がないでしょう。これに水素/燃料電池のコストを加えたトータルの発電コストが2050年に3円/kWhという数字は十分実現可能なはずです。

料金体系を工夫すれば、蓄電池で平準化する必要のない電力についてはより安く、例えば1円台/kWhで提供することもできそうです。

再エネ導入に終わりは当面来ない

ただし、再エネの大量導入はこれで終わりにはなりません。同時同量則はもはや関係がなくなっているので再エネの大量生産をさらに拡大しても電力系統が困るということにはなりません。ただ、消費電力量にもよりますがいずれはそれまで電力の平準化に使っていた水素が余り始めます。

この水素の用途は非常に幅広く、水素を作りすぎて困るということにはなりそうにありません。まずは燃料電池車、そして火力発電の天然ガスに代わる燃料としても使えます。水素100％であれば燃焼させても水しか出ません。現在、大林組と川崎重工業などが神戸市のポートアイランドで実証実験中です。

水素からは第4章で触れたアンモニアの他、天然ガス（メタン）やその他の炭化水素を作ることも可能です。こうして作った炭化水素は燃焼させるとCO_2を出しますが、製造時に同量のCO_2を利用するので差し引きゼロ。つまり、再生可能な炭化水素です。

石油は燃料としての使い道の他に、ナフサ（粗製ガソリン）を経てさまざまな化学材料になり、それが化学繊維や樹脂になって服など私たちの日常生活に必須の製品になっています。

水素を基にした再生可能ナフサができれば、天然ガスはもちろん石油を輸入する必要もなくなります。

年間25兆円の輸入費用が浮く

日本の全消費エネルギー（1次エネルギー）は熱量ベースで電力消費量の4～5倍です。これを再エネですべて賄うには、日本の陸上の太陽光発電や風力発電だけではおそらく足りず、大量の洋上風力発電、そして海外の再エネ適地で製造した水素やメタンの援軍が必要でしょう。もちろんこれには時間がかかり、1次エネルギーを再エネ100％にできるのは早くても2100年ごろかもしれません。

時間がかかる一方で、メリットは非常に大きく、電気料金はもちろん、移動コスト、アンモニアから作る肥料や現在のさまざまな石油化学製品の代替品の価格が大幅に下がることになります。CO_2の排出も最終的にはほぼゼロになります。しかも、石油や天然ガスの海外からの輸入に費やしていた年間約25兆円（ナフサ含む）が浮くことになり、その分の富の海外流出を防げます。

海外で製造した水素やメタンの輸入費用は必要ですが、再エネ、つまりは太陽光エネルギーと水で作る水素の製造コストは究極的にはやはり大幅に低くなるはずです。

電気の無駄遣いを推奨へ？

電力版ブロードバンド登場か

再エネが電力の主力になると必然的に電気料金の体系も変わります。これまでの従量料金制から上限付き定額制、つまり“サブスク”と呼ばれる料金制になるでしょう。これは特に電気の利用者にとって大きなインパクトがありそうです。

それは通信の世界で起こったことが参考になります（**図5-3**）。通信の世界において、インターネットが普及する前の電

通信技術	電源技術
黒電話時代	使えばなくなる燃料で発電する時代
回線交換技術（通話回線を時間と距離で量り売り）で通話時間、通話距離に応じた料金に「長電話は敵」	希少な化石燃料ベースの火力発電（燃料を量り売り）では、消費電力量に応じた料金に「電気の無駄遣いは敵」

インターネット時代	再生可能エネルギー時代
通信インフラは、データの“乗り合いバス”になって装置ビジネスの側面が強まり上限付き定額制に	太陽光エネルギーを量り売りはできず、「もったいない」という概念が消滅。装置ビジネスの側面が強まるが、漏電など急激な消費増大は困るので上限付き定額制に

図5-3　電気料金も“サブスク”（定額制）へ

再エネ時代の電気料金制を通信の場合と比較した。いずれも従来は時間や距離、燃料などの「量り売り」、つまり従量料金制だったが、インターネット時代や再エネ時代になると量り売りに意味がなくなり、導入したインフラの償却を最短にする定額制が主流になる。ただし、通信でも電力でも回線に“定員”がある上、電力では漏電も困るので上限付きになる。

話の料金は、通話時間と距離でほぼ決まっていました。これは当時の回線交換と呼ばれる技術が、回線を通話時間分だけ利用者に専有させる仕組みだったからです。データ単価でみるとそのコストも非常に高額でした。

一方、インターネット時代は、高速道路のように行き先の違うデータが同じ回線を共用する仕組みになりました。こうなるとそれまでの時間や距離による従量料金制は不合理になり、利用したデータ量に対して料金を決めることが基本となります。ただし、一種の装置産業になることで、通信インフラの提供者からみると、利用者がいてもいなくてもインフラの導入コストと管理費用はほとんど変わりません。それならできるだけ利用者に使ってもらうほうが売り上げが増え、初期投資の償却期間が縮まります。より具体的には、回線はできるだけ満員に近いほうが望ましいが、通信量が回線容量を大きく超えて利用者ごとの通信速度が低下した場合に、その保証をするのも面倒という状況になります。その状況で最適な料金制が上限付き定額制というわけです。

利用者側からみたインパクトは料金制それ自体よりも通信の利用形態の変化だったかもしれません。それまでの、通信の都度、電話をかけて必要な時間だけ接続していた状況からブロードバンドでの常時接続へと変わったからです。

電力も同様です。これまで電力消費は燃料の消費とほぼ等価で、その消費量に応じて料金が決まるのが合理的でした。一方、再エネ時代の電力の料金制にこの考え方は当然使えません。利用者が電気を使っても使わなくても“燃料”である太陽光エネルギーは減りません。また、発電事業者の負担はほとんど変わりません。それでやはり上限付き定額制が合理的な料金制になります。

これは、利用者にとっては過去約100年にわたって消費者に染み付いた“電気の無駄遣いは悪”という消費哲学が崩壊することを意味します。定額制の範囲内であれば発電事業者が無駄遣いを推奨することさえあり得ます。通信のブロードバンドかつ常時接続に相当するインパクトが電力で何になるのか現時点で言い切ることは難しいですが、定額制の範囲内とはいえ、約3円/kWhと格安の電気料金を生かしたさまざまな新産業が花開くでしょう。1989年の映画『バック・トゥ・ザ・フューチャーPART2』では、ゴミを“燃料”にした常温核融合発電で空を飛び、時間旅行もできるクルマが登場します。時間旅行は無理でも、第3章の図3-2に示したような空飛ぶクルマは実現しそうです。

価格1/10で需要10倍になる？

こうした再エネを最大限増やそうとする取り組みには批判もあります。その多くが再エネの供給能力についてのものです。

例えば、通信の世界との対比でいうと、電気料金が下がることで増える需要を再エネですべて賄えるかどうかという点です。電気料金が大きく下がり、しかも定額制になれば、必然的に電力消費量は増えると予想できます。その増加分の電力をさらに再エネで発電できればよいのですが、その増加量の正確な予測や増加分に対する対策は容易ではありません。

通信の世界ではこれまで、通信データの送受信単価が何度も大幅に引き下げられてきました。1989年からの30年で通信時のデータ単価は約1万分の1になっています[注5-1]。一方で、利用者の通信費用はあまり変わっていません。つまり、通信データ量が1万倍に増えたのです。

従来の電話回線をブロードバンドに変えるために通信会社は当然大きな投資をしています。ただ、回線容量を100kビット/秒から1万倍の1Gビット/秒にするために、電話回線の1万倍投資が必要だったわけではありません。

一方、電力の場合、再エネに限らず発電量を2倍に増やすと投資額も2倍近くになってしまいます。スケールメリットや生

注5-1）筆者が学生だった1989年ごろは通信速度300ボー（baud）のパソコン通信に月額数千円かかっていましたが、総務省調べでは2019年11月時点でその8割程度の通信費用でブロードバンド1契約当たり約102Gバイト/月のデータがダウンロードされています。1989年ごろの通信時間が1日2時間と仮定すると1カ月分のデータ通信量は約0.01Gバイト。データ単価はざっくり1万分の1です。

産の学習効果があるにせよ、通信とそっくり同じとはいかないのです。

需要の増え方についても電力は、通信とはやや異なります。例えば、消費電力を大幅に増やしたいというニーズは一般家庭にはあまりないかもしれません。一方、エネルギー集約型産業、つまりもともと大量の電力量を使う工場などでは安くなったらなった分だけ電力を使うでしょう。

仮に電気料金が現在の半額になったときに、消費電力量が2倍になると大変です。現在の日本の電力消費量は年間約1000TWh。これが2倍の2000TWhになると、2050年時点でそれを日本国内の再エネだけでカバーするのはおそらく困難です。ましてや電気料金1/10で消費電力量が10倍の1万TWhになると、2050年時点では海外からの水素やメタンの援軍が来ても必要電力量の供給は難しいでしょう。

当面、既存電源の下支えが前提に

現実的には再エネの電力供給が需要を下回れば、市場原理が働いて電気料金が上がり需要が抑制されるはずです。より具体的には既存の発電インフラをほぼ残して、再エネ1000TWh/年と合わせてトータル2000TWh/年の発電能力を確保。その上で料金体系を、再エネの供給範囲内では定額かつ約3円/kWh

に設定。ただし、それを超えると現在あるような従量制料金になるように設計する選択肢があり得ます。すると、現在使っている電力量とほぼ同じ電力量までは再エネの約3円/kWhで利用でき、足りない分は化石燃料などで賄うことになります。全体としては電気料金が平均として約1/2で、消費電力量が約2倍になりますから、電力関連市場を縮小させずに再エネのメリットを享受できます。ただし、CO_2排出量は減らないことになります。

成長率10%で再エネ100GWp/年が必要？

再エネを主力電力源にすることに対しての批判には、再エネが経済成長を阻害するといったものもあります（**図5-4**）。例えば、火力発電や原子力発電なら経済成長できるが、再エネなら今の便利な生活を諦め江戸時代に戻るしかないといった論などです。

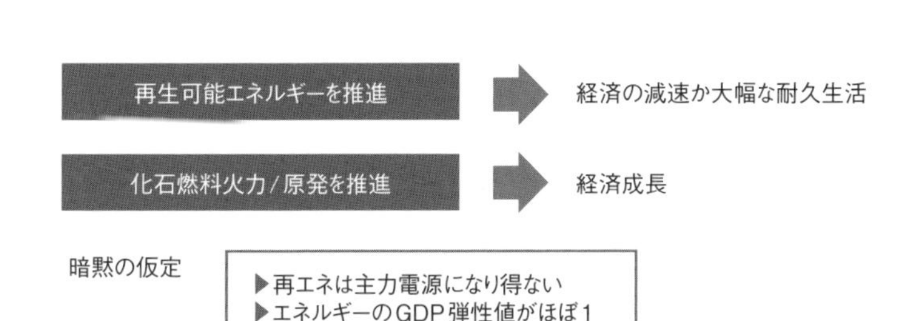

図5-4　再エネは社会に我慢を強いるのか
再エネに批判的な意見とその主な論点を示した。これらの多くは時代に合わない前提を暗黙のうちに仮定している。

それらの批判で暗黙の前提としていることが大きく2つあります。1つは、そもそも再エネでは十分な電力供給はできないと頭から決めつけている論です。電力の平準化に必要な蓄電システムが未熟かつ高コストで、同時同量則の檻から抜け出せなかったこれまでは、確かに正論だったのです。しかし、再エネの大量導入と蓄電システムの低コスト化が見えてきた今は、それこそ時代に合わない認識です。

もう1つの暗黙の前提は、「エネルギーのGDP弾性値」という指標の値が1だとするものです。そしてやはり再エネでは経済成長を賄えないという結論になります。エネルギーのGDP弾性値とは、GDP（国民総生産）の成長率に対する消費エネルギー増加率の比です。この値が仮に1であればGDPの成長率とエネルギーの増加率は一致します。非常に強い相関があるわけです。

この場合、再エネで高いGDP成長率を支えられるかは確かに微妙になってきます。例えば、GDP成長率を10%に高めるにはエネルギーの一部である発電量も10%増やさなくてはなりません。具体的には現在の年間発電量が約1000TWhですから、約100TWh分を1年で増やす必要があります。これを仮に太陽光発電だけで賄うには、年間約100GWpの新規導入が必要です。風力発電だけなら同約50GW。両方を組み合わせれば不可能ではないかもしれませんが確かに大変です。GDP成長率が1％と低い場合は、太陽光発電で年間10GWp増、または風力発電で同5GW増。これなら両方を組み合わせることでおそらく対応可能ですが、その数倍かそれ以上となるとやはり容易ではなくなります。

エネルギーのGDP弾性値が1の場合、高いGDP成長率を支えるのが大変なのは、実は火力発電や原発でも同じです。これらは太陽光発電や風力発電に比べれば設備稼働率が高いのですが、それでも大型のプラントを1年で20基近くのペースで増設せねばなりません。これは至難の業です。加えて、計画から実際に発電するまで時間がかかる原発などは、建設できた頃には需要の変化に合わなくなっているリスクも抱えます。それでも、実際に日本の1960～1980年代の高い経済成長率を支えた実績があることで、批判が再エネに向けられてしまうのでしょう。

弾性値1はもはや「神話」に

しかし、このエネルギーのGDP弾性値が1だというのは、最近のいわゆる先進国ではほぼ神話になりつつあります。実際には、1よりもかなり低く、場合によってはマイナスの値であったりするからです。マイナスの値であるとは、経済成長しているのに発電量は減っている状況で、逆相関があるともいえます。

典型的なのが英国です（**図5-5**）。英国では1980年を境にエ

(a) 英国では1980年を境に発電量とGDPの相関が低減

(b) 1人当たりGDPが1985年ごろの1万6670英ポンドを境にCO_2排出量が低減

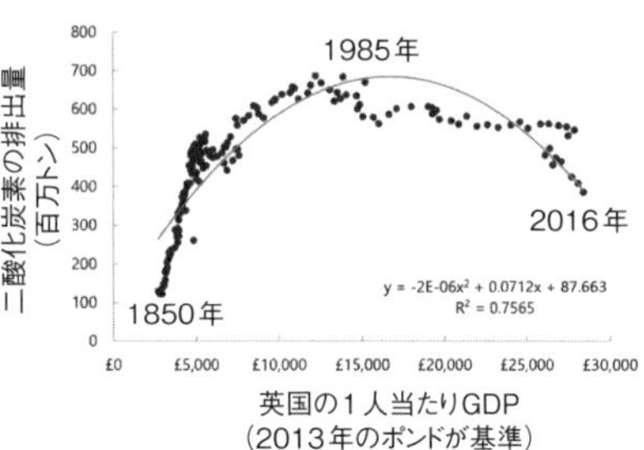

図5-5　経済成長率と発電量の相関はもうない

英国の1960年以降の国民総生産（GDP）と発電量の推移（a）。共に、1980年の値を100としている。1980年まではGDPと発電量はほぼ同じペースで増えているが、それ以後は相関が低下し、2000年半ば以後は逆相関、つまり発電量は減っているのにGDPは成長を続けている。英国の1850年以降の1人当たりGDPとCO_2排出量との関係（b）。1985年を境に、1人当たりGDPが増えると二酸化炭素排出量は低下傾向になった。（図：(a) は英調査機関Carbon Briefの資料、(b) は英Office for National Statistics（国家統計局）の資料）

ネルギーのGDP弾性率が1から減少し始めました。そして2000年代半ば以降は、リーマンショックの前後を除くとほぼマイナスの値になっています。

1人当たりGDPとCO_2の排出量の関係では、1850年以後の1人当たりGDPが少ないうちはCO_2の排出量も増えていましたが、1人当たりGDPが増えてくるとCO_2排出量は減少に転じました。将来はともかく現在は、CO_2と発電量には強い相関がまだあるはずで、1人当たりGDPと発電量の関係も同様だと考えられます。19世紀の産業革命を体現してきた英国ならではのデータです。この結果が示すのは、1人当たりGDPが増えるにつれて第2次産業、特にエネルギー集約型の製造業の占める割合が減り、第3次産業、つまりサービス産業が増えてくるということでしょう。実際、英国の製造業の比率は日本の約半分で、サービス産業が急伸しています。

日本でもこの傾向は同じです。資源エネルギー庁のデータでは、少なくとも最終エネルギーの増加率と経済成長率が逆相関になりつつあることが見て取れます[5-2]。ただ、日本の場合はリーマンショックの後に東日本大震災があり、しかもそもそも経済成長率が低いといったことで英国ほど分かりやすい状況にはなっていません。そのために、エネルギーのGDP弾性値が1であるという神話がまだ生き残っているようです。

安くなる選択肢は再エネだけ

こう書くと、筆者は日本のエネルギー集約型産業が減ってもよいと考えているのではないかと批判されそうですが、むしろ逆です。エネルギー集約型産業が必要とするのは第一に安い電力ですが、それは化石燃料ベースの火力発電ではもはやかなえられません。CO_2排出上の制約に加えて、第2章で触れたように、化石燃料ベースの火力発電には再エネの「電力を発電すればするほど、使えば使うほど安くなる」という構造がないからです。安い電力を国内で求めるなら、再エネを全力で増やすしか選択肢がないのです。その際、既存の発電インフラをどうするかは電気料金低下に伴う電力需要量の増え方次第でしょう。

海外では既に再エネの大量導入が本格化しつつあり、今後は電力の国内外での価格差がいっそう開いてくるでしょう。日本における再エネの大量導入ができないなら、電力が安い海外への工場移転が止まらない、あるいは同産業の衰退につながるだけです。

火力発電も“再エネ”に変身

火力発電はなくならない

再エネに対して、現実にそぐわない批判が根強く残る背景には、既存の発電事業の多くが、再エネに取って代わられる恐怖、少なくとも電気料金が大幅に下がれば、既存の発電事業の市場規模が大きく縮小したり、競争力を失ったりするのではないかという恐怖があるためかもしれません。経済が減速するというとき、批判者が見ている「経済」は実は既存の火力発電事業というわけです。

しかし、おそらくその心配はほとんど無用です。火力発電事業は、化石燃料が早期に枯渇しない限りは現状と少なくともほぼ同じ規模で残るはずです。理由は、今後の再エネの導入フェーズは大きく5段階に分けられますが、各段階で火力発電が役割を変えながらもずっと必要とされるためです。

まず第1段階は、今後約10年間で、火力発電が再エネのしわ取りやピークシフトといった出力変動を平準化する主力になるフェーズです。この段階ではもちろん、火力発電設備は減らせません。ただし、消費する化石燃料は次第に減ってきます。一方で電気料金はむしろ上がる可能性があります。再エネはまだ十分にはコストが下がりきっておらず、しかも移行コストがかかる上に、火力発電の設備稼働率が低下するためです。現在のドイツなどはちょうどこのフェーズだと考えられます。

第2段階は、2030年代半ば～2040年半ばです。この頃には、電力平準化の主力は本書で示した蓄電システム、より具体的には、リチウムイオン2次電池になっている可能性が高いです。この頃には電気料金が目に見えて下がり始めますが、その分電力需要が増えるので火力発電の需要はあまり変わりません。

第3段階は、2040年半ば～2070年半ばで、いよいよ蓄電システムとして水素/燃料電池の役割が大きくなり、少なくとも現時点の日本の消費電力量（約1000TWh）をほぼすべて再エネで賄えるようになります。電気料金は大きく下がっていますが、再エネだけでその需要増を賄うのはまだ難しい状況です。化石燃料ベースの火力発電が"ベース発電源"となることで、特に安い電力が必要な産業や経済成長のエンジンとなる新事業などに再エネの電力を割り当てやすくなります。

火力発電は水素やアンモニアが燃料に

第4段階は2070年半ば～2100年ごろで、電力源としての再エネ100%はほぼ達成されています。ただし、1次エネルギーをすべて再エネで賄うのは難しく、化石燃料も一部に使われているでしょう。火力発電はというと、化石燃料よりも安い「再生可能水素（Green Hydrogen）」や「アンモニア」を燃料として使うことで生き残っています。火力発電自体が再生可能エネルギーになるわけです。水素を電気に変換する手段は大きく燃料電池と火力発電の2つですが、その変換効率はどちらも約60％で大きな差がありません。ただし、発電規模が大きくなると、火力発電が有利になってきます。既存のインフラをある程度使えるという点でも、火力発電は使い続けられるでしょう。

この際、電気料金は火力発電由来の電力も含めて大きく下がっている可能性が高いです。ただし、現在の火力発電事業は売り上げの約8割が化石燃料の輸入代として海外に流出しており、利益率は売り上げの5％前後しかありません。再エネ水素であればたとえ大部分が輸入でも燃料費を大幅に抑えられるはずです。仮に、火力発電由来の電気料金が現在の1/2、電力需要が同2倍になっていれば、現状の利益率や利益をほぼ維持、または増やすことも可能です[注5-2]。

第5段階はもちろん、1次エネルギーを含むすべてのエネル

注 5-2）それをもう少し詳しく示すと、現在の JERA や中部電力の火力発電事業は仮に売り上げが 1 兆円の場合、約 8000 億円が液化天然ガス（LNG）など化石燃料の輸入費用として消え、約 1500 億円が設備費や人件費としてかかるため、残り 500 億円が利益という構造になっている。一方、再エネ 100％時代の火力発電の発電量が現在の 2 倍、火力発電分の電気料金が同 1/2、再エネ水素の調達価格が現状の LNG の 1/3 と仮定する。その場合の売り上げは約 1 兆円。再エネ水素の調達費用が 2/3 倍の 5333 億円。設備・人件費が現在の 2 倍の 3000 億円。よって、利益は 1667 億円となり現在の約 3 倍となる。

ギーが再エネ由来になっている未来です。火力発電も第4段階と同様に、必要なインフラとなり続けます。それを達成する上で技術上またはシステム上の障壁はあまりありません。

障壁があるとすれば、それはむしろ心理的な壁です。同時同量則という見えない檻にとらわれていることに気が付かないまま、「再エネ100％なんて無理に決まっている」と思い込んでしまうと、変わるのがかなり遅れてしまいます。

今後の経済成長は省エネ技術の成長

再エネでさらば省エネ？

最近のエネルギーのGDP弾性値が小さくなっている背景には、エネルギー集約型産業の相対的な縮小の他にもう1つ大きな理由がありそうです。省エネルギー技術の発展です。

温暖化防止のための国際会議が1997年に京都で定めた議定書（京都議定書）でCO_2排出の低減ロードマップが示されたことで、省エネルギー技術、特に消費電力の低減技術の開発が2000年代の大きなトレンドになりました。これは筆者がエレクトロニクス分野の記者として取材してきた対象そのものです。

例えば、照明技術では、かつての白熱電球や蛍光灯から発光ダイオード（LED）を使った照明への転換が急速に進んでいます。例えば、最近のLED電球は白熱電球の約8倍の発光効率があります。言い換えれば、白熱電球の約1/8の電力で同じ明るさを実現できるのです。結果、大部分の白熱電球は既にLED電球に取って代わられています。蛍光灯との比較では発光効率は約1.5～2倍と差は白熱電球ほどではないですが、やはり置き換えがかなり進んでいます。照明に必要な電力量はかつて国内の消費電力量の約17％を占めていましたが、近い将来これが半減するのはほぼ確実です。

しかし、再エネで電力が安くなり、電力の無駄遣いが悪でなくなる、特に消費電力量とCO_2排出量との相関が消えるなら、省エネルギー技術自体が不要になるのではないかと疑問が湧きそうです。実は筆者もそう考えた時期が一瞬ありました。告白すると、本書の初期のタイトル案は「さらば省エネ」でした。

省エネは電子機器の高性能化の条件

現実的には、省エネルギー技術は必要かつ重要で今後も長く続くトレンドになりそうです。理由は大きく2つあります。

1つは、上述したように再エネの大量導入は電力を大幅に安くはするものの、発電量を増やすスピードには限界があり、定額制の上限という形でそれが現れることです。電気料金が大幅に安くなれば、空飛ぶクルマなどの新産業が花開くなど、基調としては電力をどんどん使う方向になるでしょう。ただし、上限付きなので、安い電気をすぐに使い果たしてしまう機器と長く使える機器があれば、消費者は後者を選ぶはずです。

もう1つは、多くのエレクトロニクス技術は、小型化と併せて省エネルギー化自体が高性能化の大きな条件になっていることです。言い換えれば、たとえ消費電力量低減やCO_2排出量削

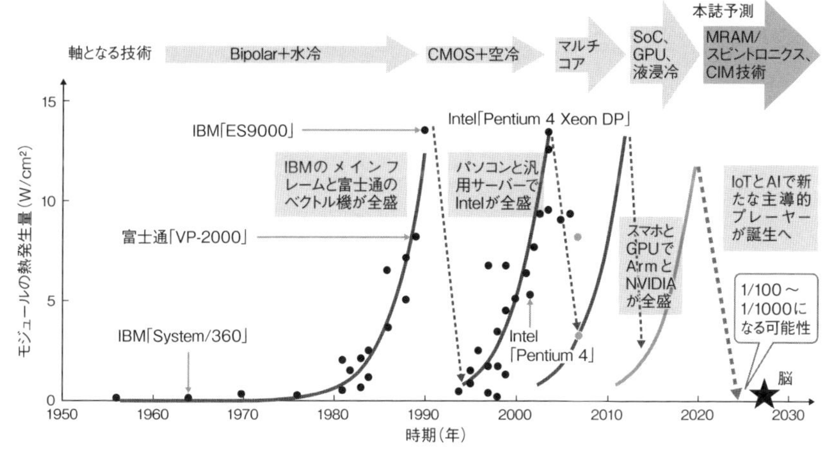

図5-6　コンピューターの歴史は発熱との格闘史

コンピューターの発熱との格闘の歴史を示した。軸となる技術やメインプレーヤーおよび主な用途が交代するきっかけとしては、発熱が限界に近づいたことが挙げられる。2020年代前半にも4度めの「冷却期」が到来し、それを主導するのがMRAMとその基盤となるスピントロニクスになる見通しだ。脳の発熱密度0.01 W/cm²に近づく可能性もある。用途はIoTとAIだが、主導的プレーヤーはまだ見えていない。（図：IBM、東北大学の資料を基に日経エレクトロニクスが作成）

減という動機がなくても、エレクトロニクス技術を高性能化するには省エネルギー化を進める必要があったのです。

　エレクトロニクス技術、特にコンピューターの高性能化で省エネルギーが重要なのは、発熱がコンピューターにとって大敵だからです。その開発の歴史をみると、京都議定書とは別に発熱との格闘を続けてきた歴史であったことが分かります（**図5-6**）。

技術革新がなければ“炉心溶融”

コンピューターの性能を高めるには、一定の面積または体積に、高密度に演算素子を実装する集積度の向上が必要です。ところが、技術を大きく変えないまま集積化を進めると狭い場所で廃熱の逃げ場がなくなり、その発熱のために装置が正常に動作しなくなります。いわゆる熱暴走です。2000年代半ばには半導体大手の米インテル自身が「このままではコンピューターチップは原子炉並み、そして太陽表面並み（約6000度）の熱さになってしまう」と指摘したこともありました。これでは熱暴走を通り越して、装置が溶融してしまいます。

実際には、発熱が限界に近づいた頃に劇的な省エネルギーを実現する技術が開発され、大幅に発熱の低減が進んだ時期がこれまで約3回ありました。そして近い将来、人だけでなくモノ同士が通信するIoT（Internet of Things）技術や人工知能（AI）技術の分野を軸に、4回めの「冷却期」がやって来そうです。

生物との差が今後の伸びしろに

この冷却期にはエレクトロニクス技術にこれまでにも増して大きな発想の転換が貢献しそうです。それは、生物に学ぶという方向性です。

例えば、最新のスーパーコンピューターは人間の脳の演算能力の10倍近くの水準になっていますが、演算性能に対する消費エネルギーは人間の脳の実に6万5000倍、体積に至っては約100万倍と大きくなってしまっています。

これまでのコンピューター技術は結果として、脳との違いを広げる方向で高性能化を進めていたのですが、こうした方向性自体が限界を迎えつつあるわけです。そしてAI技術に注目が集まってきたこともあり、2014年以降コンピューターの研究者から「開発の方向性を生物に学んで見直すべき」という指摘が相次ぐようになりました。

具体的には、ノイマン型と呼ばれる演算回路と記憶素子が分かれたコンピューターの基本構造をやめて、脳のように演算回路と記憶素子が一体になっている構造へ変換することが新しい方向性の1つです。

米IBMはさらに踏み込んで「電子血液」というアイデアも発表しました（**図5-7**）。これは、コンピューターの演算回路に「レドックスフロー電池」と呼ばれる液体循環型の蓄電池を組み込むことで、電源や冷却機構をも演算回路と一体化させてしまうことを目指す技術です。IBMは、脳では血液が酸素や栄養などのエネルギー補給線と廃熱システムの両方の役割を果たし、それが脳や生物の大幅な省エネルギー性能とコンパクトさ

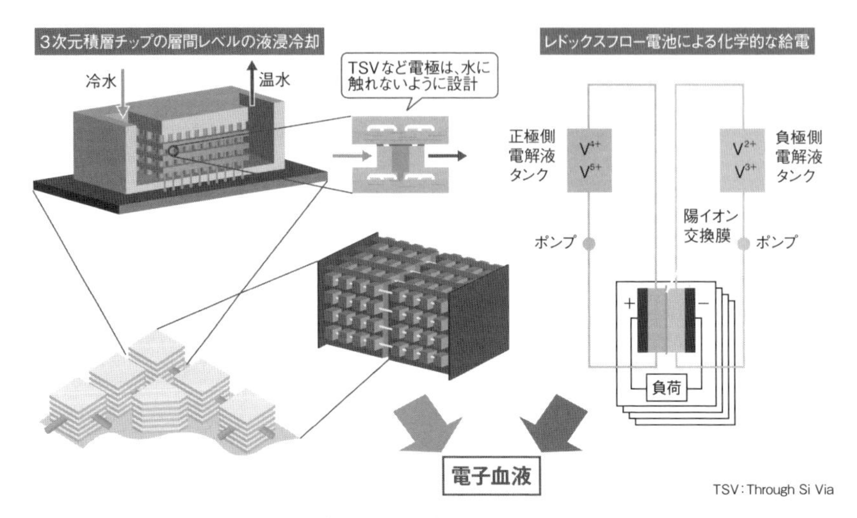

図5-7　コンピューターと液体型蓄電池が融合？
3次元化したプロセッサーの層間に冷却水を通して冷却するイメージ（左）と、プロセッサーにレドックスフロー電池で化学的に給電するシステムのイメージ（右）。IBMは、両技術を「電子血液」と呼ぶバナジウム（V）イオン水溶液で統一しようとしている。（図：IBMの資料を基に日経エレクトロニクス誌が作成）

の本質だとみています（**図5-8**）。本書で説明した発電システムと蓄電システムの一体化にやや似ている点は興味深いです。今後はコンピューターだけではなく社会システム自体も生物に学ぶとよいのかもしれません。

いきなり電子血液の実用化に進むのは技術的に多くの課題がありそうですが、こうした新しい方向性は大きなトレンドとして今後も長く続くはずで、結果として大幅な省エネルギー化と小型化が進みそうです。上述した演算性能に対する消費エネルギーが生物の6万5000倍、体積が100万倍という大きさが、そ

(a)半導体の2次元的な配置に基づく設計はもはや限界
▶トランジスタ：電源/冷却システム=1：100万(体積比)　(放熱性能 ∝ V)
▶演算：データ伝送=1：99（電力比）（トランジスタ間、チップ間の配線長が長いため）
ゼッタスケール(100万PFLOPS)の演算システムの体積はエベレストを超え、消費電力は現在の世界全体の消費電力(20TW)を超える
V：システムの体積(2次元の場合は面積)
体積は1/1000、
消費電力は1/100
放熱性能は低下
(b)3次元化の手法によって放熱性能に差
バルク(内部に放熱構造なし)

放熱性能が向上
体積は約1/1000～1/100万、
消費電力は1/100
生物(哺乳類)(内部に階層的な放熱構造あり)

放熱性能 ∝ $V^{3/4}$
▶1PFLOPSのシステム → 体積は10Lに
▶ゼッタスケールのシステム → 現在の最大級のデータセンターよりもコンパクトに

図5-8　電子血液でコンピューターは脳に近づく
IBMが電子血液を開発する背景を示した。既存の半導体の2次元的な配置ではトランジスタ密度が低く冷却システム部分の体積が大半を占める。しかもデータ伝送にかかる電力が演算にかかる電力を大幅に上回っている（a)。これを単純に3次元化するだけでもトランジスタ密度は向上し、データ伝送に必要な電力が減ることで体積や消費電力を低減できるが、放熱性能は低下する（b)。さらに生物に似せた冷却や給電システムを採用することで、体積や消費電力をもう一段大きく低減できる。理論上は演算能力が1PFLOPSで広いフロアを占めるデータセンターを体積10Lで実現でき、演算性能、体積、消費電力の点でコンピューターは脳に近づく。(図：日経エレクトロニクス)

のまま今後のコンピューターの今後の省エネルギー化の伸びしろになるともいえます。

再エネの大量導入が変革の原動力

今後の経済成長の柱となるIoT技術やAI技術分野で大幅な省エネルギー化が進むことは、少なくとも電力量のGDP弾性値とGDP成長率の逆相関化がよりいっそう進むということでもあります。つまり、仮に再エネの発電供給量の増加がやや遅

くても経済成長率を下げることにはなりません。もちろん、再エネを増やせばそれだけ新産業が増え、経済成長を促すことも確かです。さまざまな技術で省エネルギー化が進めば、再エネ電力の比率は100％に向かってより早く高まり、電気料金の低下が加速し、エネルギー集約型産業にとっても朗報となります。それで電力が余るなら、その場合は水素の製造を増やしてその活用先を広げていけばよいのです。

すべては再エネと蓄電システムの大量導入が拓く未来で、日本が生き残る唯一の道でもあると筆者は考えています。そのために必要なのは再エネを大幅に増やすという意思統一です。国のエネルギー政策や事業者間でこの方向性を共有して進めば実現できるはずですが、皆がバラバラの方向を向いていると実現困難でしょう。2030～2040年になって、日本だけが、再エネの導入率で世界に後れを取り、“電力の東側陣営”に取り残されているということがないよう願うばかりです。

参考文献

5-1） Fraunhofer-Institute for Solar Energy Systems, "Current and Future Cost of Photovoltaics, " *Agora Energiewende*, Feb. 2015.

5-2） 資源エネルギー庁編、「平成 28 年度エネルギーに関する年次報告（エネルギー白書 2017）」、2018 年 .

おわりに

第1章をいきなり計画経済の話から始めたのは、私が学生の時に旅行した中国やソ連、東欧諸国の印象が強烈で、それが今の電力業界と重なるからです。

中国には香港から深圳経由で入ったのですが、当時の中国はまだ貧しく、しかもガチガチの社会主義体制が残っていた頃でした。距離的には約30kmしか離れていない深圳と繁栄を極めていた当時の香港との落差に目まいがしました。中国国内では緊張の連続で、香港に戻った時の開放感、安堵感は形容できないほど大きかったです。

ソ連へはハバロフスクからいわゆるシベリア鉄道でモスクワに入りました。街はそれなりに機能的に動いてはいるのですが、ニュースで伝えられている通りのモノ不足や食糧品不足を実感。例えば、レストランのメニューにはさまざまな料理が並んでいても、いざ注文すると「いや、それはニェット（ない)、それもニェット、あれもニェット…」と言われ、毎食ビーフストロガノフを食べる羽目に。"選択肢"が用意されていないのです。すぐに飽きてしまい、街のピロシキ屋さんを探してピロシキを食べていました。ただこれも、お世辞にもおいしいと言えるものではありません。唯一、紅茶がおいしかったのが救いでした。

ちなみに、ソ連から東欧諸国にも行き、当時のユーゴスラビアではハイパーインフレも経験しました。デノミ直後だったこともあり、金額の「0」の数が6つも7つもある札と3つぐらいの札が混在。正しく数えるのが難しいのは旅行者だからかと思ったのですが、現地の人にとってもやはり難しかったようです。コーラのペットボトルを買うとき、店員は客がわしづかみにした札束を目分量で測って受け取るのです。紙幣としてもはや機能していませんでした。その後間もなくユーゴスラビアでは内戦が始まり、国が崩壊してしまいました。

ソ連と東欧諸国を出て西側の国に入ると、やはり圧倒的な開放感を感じました。国境1つ隔てるだけでなぜこんなに違うのか。この違いは体制の違いだとして、それを西側のそれに切り替えることを阻んでいるものは何だろうと考えさせられました。もちろん、イデオロギー対決の歴史は知っているつもりでしたが、既に結果が出てこれだけの差がついている状況で、なお切り替えられないのはなぜだろうと思ったのです。

当時の東側諸国でも、社会主義が最良の選択だと心から信じている人はもはやいなかったはずです。その他に、特権階級とか既得権層うんぬんといった説明も可能ですが、もう少し俯瞰的にみれば、それはおそらく、社会の隅々にまで入り込んだ"体制の常識"だったと思います。政府はもとより、専門家、一般の人々に至るまで、社会主義体制下の"常識の檻(おり)"に捕らわれており、彼らなりの常識に沿って考えてベストだと思うことを実践している。その常識では、店が食料品やその他の商品であふれる状況を魔法だとしか想像できないのです。

ただし、当時の東側諸国では、私が旅行した頃からこの常識が急速に失われ、比較的短時間のうちにほとんどの社会主義体制、または計画経済が崩壊しました。

現状の電力系統もそれに似ています。化石燃料や同時同量といった物理的あるいは技術的制約は、もはや本質的な制約ではなくなっています。ところが、「出力変動は悪」などという従来の“常識”を語る人がいまだに多い。その気になればいつでも抜けられる心理的な檻に自らとらわれ続けている印象です。

その檻から抜けるために必要なことはただ1つ。再生可能エネルギーと蓄電システムの圧倒的な大量導入です。海外では後者も既に始まっています。日本でも早く始めましょう。

最後に、本書を支えるトピックを取材させていただいた国内外の皆様、普段の仕事を後回しにして執筆に時間を割くことを許してくれた職場の方々、そして多数の誤字脱字を指摘いただいた校正のMSさんには大変お世話になりました。この場を借りてお礼申し上げます。

著者紹介

野澤 哲生（のざわ てつお）

早稲田大学 理工学部 応用物理学科卒。大学院修了後、1998年に日経BPに入社。通信関連の雑誌『日経コミュニケーション』記者、2004年から『日経エレクトロニクス』記者として通信技術、半導体、新材料、高性能コンピューター（HPC）、エネルギー、人工知能（AI）分野の取材を重ねる。2007～2009年に計半年間、米国に長期出張。主な記事に、電力をワイヤレスで数m送る技術の特集「ついに電源もワイヤレス」や、ノーベル賞受賞者数人へのインタビューなど。2018年4月から『日経クロステック』副編集長。

蓄電池社会が拓くエネルギー革命
2050年、電気代は1/10に

2020年7月13日　第1版第1刷発行

著　者　野澤 哲生
発行者　吉田 琢也
発　行　日経BP
発　売　日経BPマーケティング
〒105-8308　東京都港区虎ノ門4-3-12
装丁・制作　松川 直也（日経BPコンサルティング）
印刷・製本　図書印刷

ISBN978-4-296-10662-2